FORSCHUNGSBERICHTE DES WIRTSCHAFTS- UND VERKEHRSMINISTERIUMS NORDRHEIN-WESTFALEN

Herausgegeben von Staatssekretär Prof. Dr. h. c. Dr. E. h. Leo Brandt

Nr. 575

Prof. Dr. phil. habil. Carl Kröger

Verkokungsverhalten der Steinkohlenmacerale und ihrer Mischungen

Als Manuskript gedruckt

WESTDEUTSCHER VERLAG / KÖLN UND OPLADEN

1958

ISBN 978-3-663-03877-1   ISBN 978-3-663-05066-7 (eBook)
DOI 10.1007/978-3-663-05066-7

Forschungsberichte des Wirtschafts- und Verkehrsministeriums Nordrhein-Westfalen

Gliederung

I. Einleitung .... S. 5
    1. Wirtschaftliches .... S. 5
    2. Bedeutung der Maceralzusammensetzung der
       Einsatzkohlen für die Verkokung .... S. 7

II. Gewinnung der Macerale .... S. 10

III. Kokungseigenschaften der Macerale und
     Maceralmischungen .... S. 12
    1. Untersuchungsmethoden .... S. 12
       a) Die Bauerverkokung .... S. 13
    2. Dilatometerverhalten .... S. 20
       a) Die reinen Gefügebestandteile .... S. 20
       b) Der Einfluß von Exinit und Mikrinit
          auf das Dilationsverhalten des Vitrinits .... S. 23
    3. Kohlenwertstoffbildung .... S. 27
       a) Ergebnisse der Bauerverkokung an den
          reinen Gefügebestandteilen .... S. 27
       b) Ergebnisse an den Maceralmischungen .... S. 36

IV. Eigenschaften der angefallenen Kokse .... S. 39
    1. Natur der Tiegel-, Blähgrad- und Bauer-Kokse .... S. 39
    2. Wichten und Restgehalt an Flüchtigen
       der Bauerkokse .... S. 40
    3. Adsorptionsvermögen für Wasserdampf .... S. 41
    4. Elektrisches Leitvermögen .... S. 50

V. Bedeutung der Untersuchungen für den
   Verkokungsprozeß .... S. 56

Forschungsberichte des Wirtschafts- und Verkehrsministeriums Nordrhein-Westfalen

I. Einleitung

1. Wirtschaftliches

Die Verkokung der Steinkohlen nimmt unter den Kohleverwertungsverfahren den ersten Platz ein. 1955 wurden 46,2 % der deutschen Steinkohlenförderung verkokt. Die bei diesem Prozeß anfallenden Produkte: Koks, Kohlewertstoffe (Teer, Benzol, Ammoniak) und Gas sind einmal wichtige Grundstoffe der Energieversorgung, zum anderen stellen sie mit Hauptrohstoffe metallurgischer (Hüttenkoks) und chemisch-technischer Verfahren dar. Die Erzeugung der Kokereien hat daher mit der allgemeinen wirtschaftlichen Entwicklung der Bundesrepublik Schritt gehalten.

Tabelle 1 gibt über diese Entwicklung Aufschluß.

Tabelle 1

Erzeugung der Kokereibetriebe des Reichs- bzw. Bundesgebietes (in 1000 t)

	1938	1950	1953	1955	1956
Koks	49332	30473	41982	45580	48400
Rohteer	1997	1179	1615	1806	1900
Rohbenzol	615	315	444	511	550
Gas [+]	21875	13256	18369	21076	22300
Ammonsulfat	-	71,6[++]	93,6[++]	490	510

[+] in Mill m³, H_o = 4300 kcal   [++] als Stickstoff gerechnet

Zur Kokserzeugung standen in der Bundesrepublik Ende 1955 70 Kokereien davon 63 im Ruhrgebiet, mit einer Maximalleistung von 119 000 tat zur Verfügung. Die Leistung der Koksöfen ist auch seit 1938 noch gestiegen, so daß heute 252 Ofenbatterien in 68 Kokereianlagen mehr leisten, als die 1938 im Gebiet der Bundesrepublik im Betrieb befindlichen 283 Batterien der 90 Kokereien.

Der Koks- und Kohlenbedarf wird nun nach den angestellten Schätzungen in den nächsten beiden Jahrzehnten noch erheblich ansteigen, wie aus der folgenden Aufstellung (Tab. 2) zu ersehen ist.

Tabelle 2
Koks- und Kohlenbedarf Westdeutschlands (in Mill t)

	1955	Schätzung	
		1965	1975
Koksverbrauch			
Hüttenindustrie	16,0	23,0	28,0
übrige Industrie	6,0	8,0	9,0
Hausbrand	8,0	10,0	11,0
Eigenverbrauch und Sonstiges	5,0	5,0	5,0
Summe	35,0	46,0	53,0
Koksexport	11,0	12,0	12,0
Koksimport	0,5	1,0	1,0
Kokserzeugung	45,5	57,0	64,0
Kokskohlenbedarf	60,0	75,0	85,0

Für die Verkokung eignen sich nur bestimmte Kohlensorten bevorzugt die Fett- oder Kokskohlen. Zwar liefern, wie die Aufstellung Tabelle 3 zeigt, auch die Gaskohlen noch brauchbare Kokse. Diese genügen jedoch hinsichtlich Stückigkeit, Festigkeit und Reaktivität nicht den von der Hüttenindustrie gestellten Anforderungen.

Die Ruhr und somit Westdeutschland sind also reich an den gut kokenden Fettkohlen. Andererseits nehmen diese Vorkommen laufend ab bzw. verlagern sich in größere Tiefen. Schon heute beträgt im Rhein-Lippe-Emscher-Gebiet der Anteil der Gas- und Gasflammkohlen an der Gesamtförderung $> 40\%$, da in diesen Gebieten die Fettkohlenflöze sich in Tiefen von 1200 bis 2200 m finden. Die Verwendung an sich nicht kokungswürdiger Kohlensorten (Gasflammkohlen) zur Hüttenkokserzeugung wird somit immer vordringlicher. Es ist daher verständlich, daß vor allem in den Gebieten mit geringem Fettkohlenvorkommen (Saar, Lothringen, Niederschlesien) besondere Anstrengungen gemacht wurden (vgl. E. BÜRSTLEIN, Carb. 4 (1955) S. 130-149, A. JENKER, Techn.Mitt. HdT. 48 (1955) S. 142-150, C. ABRAMSKI, Brennstoffchem. 34 (1952) S. 51-55, H. BARKING, C. EYMANN, Brennstoffchem. 37 (1955) 129-144) aus diesen Kohlen ebenfalls gute

Tabelle 3

Vorkommen und Verkokungseignung der Steinkohlensorten

Sorte	Handels-gruppe	Eignung zur Verkokung	im Ruhr-gebiet	Saar	Loth-ringen	Bereich der Mon-tanunion
Anthrazit	I	nicht verkokbar, als Magerungs-mittel brauchbar	7,2	-	-	13,7
Magerkohle	II					
Esskohle	III	bedingt verkok-bar, als Misch-komponente ge-eignet	3,8	-	-	10,3
Fettkohle	V A+B	allein verkok-bar	70,0	-	-	48,8
Gaskohle	V C+D	bedingt verkok-bar, in Mischun-gen gut verkok-bar	16,0	71,7	63,5	32,4
Gasflamm-kohle	VI A+B	nicht verkokbar jedoch als Mischungs-komponent geeignet	3,0	28,3	36,5	5,8
Flammkohle	VII					

Hüttenkokse zu erhalten. Diese Bemühungen haben auch bereits im Ruhrgebiet eingesetzt und werden sich aus den oben aufgezeigten Gründen verstärken.

2. Bedeutung der Maceralzusammensetzung der Einsatzkohlen für die Verkokung

Das Verkokungsvermögen der Kohlen ist nun außer von der Kohlensorte auch noch vom petrographischen Aufbau der Kohlen abhängig. Man unterscheidet hier Streifenarten (Mikrolithotypen) und Gefügebestandteile (Macerale). Welche Macerale sich am Aufbau der einzelnen Streifenarten beteiligen, ist aus Tabelle 4 zu ersehen.

Der unterschiedliche Gehalt der Kohlen an den verschiedenen Streifenarten ist bereits rein äußerlich an den glänzenden bzw. matten Aussehen kenntlich. Die verschiedenen Gefügebestandteile haben sich durch Inkohlung unterschiedlicher pflanzlicher Substanz (Holz, Blattoberhäute,

Forschungsberichte des Wirtschafts- und Verkehrsministeriums Nordrhein-Westfalen

Tabelle 4

Aufbau der Streifenarten aus den Gefügebestandteilen

Steinkohle Streifenarten / Gefügebestandteile (Macerale)	Vitrit	Clarit	Durit	Fusit	Kennel-Kohlen	Boghead-Kohlen
A. Grundmasse	Vitrinit	Vitrinit	massiger Mikrinit Semifusinit Sklerotinit feinkörniger Mikrinit	Semifusinit Fusinit	feinkörniger Mikrinit Vitrinit	feinkörniger Mikrinit Vitrinit
B. Einlagerungen	Resinit	Resinit Exinit	Resinit Exinit		Exinit (Resinit)	Algen (auch zum Exinit gehörig)
C. Akzessorien	Semifusinit und Fusinitleisten Mikrinitflocken	Semifusinit und Fusinitleisten Mikrinitflocken	Fusinit Vitrinit	- -	Fusinitleisten	Fusinitleisten

Sporen usw.) gebildet. Da diese pflanzlichen Substanzen in chemischer Hinsicht differenziert sind, ist das gleiche von ihren Inkohlungsprodukten zu erwarten. In der Tat differieren die Macerale, wie wir zeigen konnten, sowohl in ihrer Elementaranalyse (vgl. S.12) als auch in ihrer chemischen und physikalischen Struktur. Es ist daher zu erwarten und durch die Praxis belegt, daß auch das Kokungsverhalten der Kohlen außer durch den Inkohlungsgrad auch durch den unterschiedlichen petrographischen Aufbau bestimmt wird. Dabei interessieren nicht nur die Frage, wieweit das Ausbringen von Koks, Teer und Gas durch die differierende Maceralzusammensetzung beeinflußt wird, sondern auch die Änderungen, die die Qualität der Verkohlungsprodukte erfährt, z.B. die Änderung der Teerzusammensetzung, des Benzolausbringens, der Eigenschaften des Kokses wie Koksgefüge, Festigkeit, Verbrennbarkeit usw. In gleicher Weise interessiert das Verhalten der Maceralgemenge bzw. der Reinmacerale bei der Verkokung, das Backen, Blähen und Treiben. So ist z.B. bekannt, daß Vitrit und Clarit im Grenzgebiet Eßkohle-Fettkohle zu stärkerem Treiben und schlechtem Schwinden neigen.

Von besonderer Bedeutung wird der petrographische Aufbau der Einsatz-Kokskohle dann, wenn Mischungen unterschiedlicher Kohlesorten verkokt werden, wie dies z.B. mit Erfolg in Oberschlesien, dem Saargebiet und Lothringen durchgeführt wird. Hier werden Gasflammkohlen-Fettkohlenmischungen unter Zusatz von Schwelkoks oder Magerkohle mit guten Erfolg verkokt. Das gleiche gilt aber auch ganz generell für Einsatzkohlen, die aus einem Gemisch verschiedenster Kohlesorten bestehen. Fehlschläge der Praxis konnten somit bereits auf eine ungenügende Beachtung des vorliegenden petrographischen Aufbaues der Einsatzkohlen zurückgeführt werden.

Die in weiten Grenzen schwankenden Koksqualitäten vor allem hinsichtlich Gefüge und Festigkeit, sowie die unterschiedlichen Ausbeuten an Kohlenwertstoffen (Teer, Benzol, Gas, Ammoniak usw.) müssen also durch das thermische Verhalten der einzelnen Gefügebestandteile (Macerale) der verschiedenen Inkohlungsstufen mitbestimmt sein. Die bisher auf diesem Gebiet gewonnenen Erfahrungen (s. bei C. ABRAMSKI in GROSSKINSKY, Handbuch des Kokereiwesens S. 132 fg) fußen auf Ergebnissen kohlenpetrographisch nach Streifenarten analysierter Kohlen. Diese Streifenarten (vgl. Tab. 4) sind nun aber zum geringsten Teil mono-, zum größten Teil jedoch bi- bzw. polymaceral aufgebaut.

Das hat zur Folge, daß z.B. unter Durit Kohlen erfaßt werden, die außerordentlich große Unterschiede aufweisen je nach dem Verhältnis, in dem seine beiden Hauptgefügebestandteile Exinit und Mikrinit, die grundverschieden voneinander sind, vorliegen. Häufig werden auch Kohlen als Durit bezeichnet, die außerdem noch erhebliche Anteile an Vitrinit enthalten. So nimmt es nicht Wunder, daß an petrographisch scheinbar einheitlichem Material, d.h. einheitlichen Streifenarten, häufig sich widersprechende Untersuchungsbefunde erhalten wurden.

Das Ziel der vorliegenden Arbeit war es daher, das Verkokungsverhalten der reinen Macerale festzulegen, um so zu einer Deutung des unterschiedlichen Verhaltens von petrographisch verschieden zusammengesetzter Kokskohlen zu gelangen. Diese Aufgabe konnte in Angriff genommen werden, nach dem durch unsere Arbeiten (s. C. KRÖGER, A. POHL, F. KUTHE, Glückauf 93 (1957) S. 122) die Isolierung der reinen Macerale aus den Flözkohlen möglich geworden war.

II. Gewinnung der Macerale

Mit Unterstützung der Gewerkschaft Auguste-Viktoria und dem Steinkohlenbergbauverein wurden aus den 4 Flözen R, Zollverein 1, Anna und Wilhelm unter Tage Glanz- und Mattkohlen geklaubt. Dieses Material wurde auf Haselnußgröße gestampft, in einer Scheibenmühle auf 1-2 mm Korn gemahlen und in Stickstoffatmosphäre bei 60 - 65° C getrocknet. Die Reingewinnung der Gefügebestandteile durch Schweretrennung setzt eine möglichst weitgehende Aufspaltung des oft eng verwachsenen Ausgangsmaterials voraus. Die Weiterzerkleinerung erfolgte daher durch elastischen Schlag in einer Stiftmühle bei $\sim$ 18000 U/min in einer Inertatmosphäre. Die erreichte Kornfeinheit betrug für Vitrinit und Mikrinit 1 - 20 μ, für Exinit bis 100 μ. Nach einer Vortrennung im Spitzkasten erfolgte die weitere Schweretrennung in einer Durchlaufzentrifuge (12000 - 25000 U/min), wobei je nach Erfordernis engere und weitere Dichtestufen und Wiederholungen gewählt wurden. Die ablaufenden Suspensionen wurden über Druckfilter gegeben und das gewonnene Filtergut im Vakuum von $\sim$ 85 Torr (Stickstoff) bei 60 bis 65° C von noch anhaftender Schwereflüssigkeit (Tetrachlorkohlenstoff, Toluol) befreit. Eine zu berücksichtigende Beeinflussung der Gefügebestandteile durch die Schwereflüssigkeiten fand, wie entsprechende Versuche zeigten, nicht statt. Die Einzelheiten über diese mühsame und zeitraubende Auftrennung sowie über die dabei benutzten Apparaturen ist aus der bereits oben erwähnten Arbeit von C. KRÖGER, A. POHL, F. KUTHE Glückauf 93 (1957) S. 122 bis 135 zu entnehmen. Auf diese Weise konnten die Gefügebestandteile (af) in folgenden Reinheitsgraden gewonnen werden: Vitrinite: 99 %, Exinite: 94 - 97 %, Mikrinite: 91 - 95 %. Die Aschegehalte lagen bei den Exiniten in Höhe des pflanzlichen Mineralgehaltes (~0,5 %), bei den Vitriniten bei ~1,3 %, bei den Mikriniten bei 3 - 6 %.

Über die chemische Zusammensetzung dieser Kohlen (Immediat-DIN 51719 und Elementaranalyse) geben die Tabelle 5 und 6 Aufschluß.

Die zur Untersuchung verwandten Maceralmischungen wiesen die folgende Zusammensetzung auf:

$$60,2 \% \text{ Vi}, \quad 39,8 \% \text{ Ex}$$
$$61,3 \% \text{ Vi}, \quad 38,7 \% \text{ Mi}$$
$$60,7 \% \text{ Vi}, \quad 19,2 \% \text{ Mi}, \quad 20,1 \% \text{ Ex}$$

Tabelle 5

Immediatanalyse

a) Aschegehalt (wf)

Flöz	Vitrinit	Exinit	Mikrinit
R	1,29	0,48	3,76
Zollverein	0,50	0,63	5,89
Anna	1,59	0,14	1,13
Wilhelm	2,28	1,85	5,80

b) Flüchtige Bestandteile (waf)

Flöz	Vitrinit	Exinit	Mikrinit
R	36,13	68,77	22,54
Zollverein	31,97	59,81	23,37
Anna	28,36	37,08	19,18
Wilhelm	23,50	22,57	16,98

Tabelle 6

Elementaranalyse (waf)

a) Vitrinite

Flöz	C	H	O	N	S
R	83,45	5,06	9,78	0,78	0,93
Zollverein	85,74	4,88	7,78	0,78	0,82
Anna	88,36	5,11	4,73	0,83	0,97
Wilhelm	88,84	4,94	3,95	1,56	0,71

b) Exinite

R	85,49	7,34	5,80	0,46	0,91
Zollverein	87,41	6,74	4,67	0,64	0,54
Anna	89,10	5,96	3,75	0,67	0,52
Wilhelm	89,29	4,91	3,75	1,45	0,60

c) Mikrinite

R	86,77	3,91	8,11	0,55	0,66
Zollverein	87,98	4,17	6,81	0,56	0,48
Anna	89,59	4,34	4,95	0,60	0,52
Wilhelm	89,78	4,25	4,52	0,92	0,53

III. Kokungseigenschaften der Macerale und Maceralmischungen

1. Untersuchungsmethoden

Für die Verkokbarkeit der Kohlen und die Kokseigenschaften sind außer den bereits erwähnten Rohstoffeigenschaften auch noch verfahrenstechnische maßgebend. Zu letzteren zählen in erster Linie die Korngröße, die Erhitzungsgeschwindigkeit (Garungszeit), der Wassergehalt und das Schüttgewicht. Für vergleichende Untersuchungen zur Klärung eines unterschiedlichen Verhaltens differenzierter Einsatzkohlen sind daher vorgenannte Faktoren konstant zu halten. Wenn auch die Kokungseigenschaften der Kohlensorten und ihrer Gemische in erster Linie durch den Inkohlungszustand, d.h. durch den Gehalt an Flüchtigen Bestandteilen zu charakterisieren sind, so bedarf es darüber hinaus noch weiterer spezifischen Größen. Hierzu zählen das Entgasungsverhalten, das Back- und

Erweichungsvermögen, das Treiben und Schwinden sowie die Wertstoffausbeuten. Diese Eigenschaften sind nun sowohl inkohlungs- als auch maceralabhängig. Infolgedessen waren die 4 Flöze, aus denen die Macerale gewonnen worden waren, so ausgesucht, daß sie den ganzen technisch interessierenden Inkohlungsbereich von der Gasflamm- bis zur Fettkohle überdeckten.

Im Rahmen der vorliegenden Arbeit wurden zur Charakterisierung der Kokungseigenschaften der Macerale und ihrer Mischungen Dilatometermessungen nach DIN 51739, Blähgrad- und Tiegelkoksbestimmungen nach LV 20/33 M bzw. DIN 51720 durchgeführt. Diese Messungen sollen späterhin noch durch Plastometer- und Treibdruckbestimmungen ergänzt werden. Zur Beurteilung des Koks- und Kohlewertstoffausbringens wurde nach einem modifizierten BAUERverfahren gearbeitet. Die Beurteilung der Kokse hinsichtlich ihrer Struktur, Festigkeit usw. mußte auf die erhaltenen Tiegelkokse beschränkt bleiben.

Da der Schwerpunkt der Untersuchungen in der Bestimmung des Koks- und Kohlewertstoffausbringens nach BAUER(Dissertation Rostock 1908) bestand und dies Untersuchungsverfahren von uns zur Gewinnung einwandfreier Ergebnisse modifiziert worden war, so soll die von uns gewählte Apparatur und Verfahrensweise hier näher beschrieben werden.

a) Die BAUERverkokung

Die Verkokung nach BAUER soll eine Betriebsverkokung im kleinen darstellen, d.h., ihre Ergebnisse sollen Rückschlüsse auf das Betriebsverhalten zulassen. Dazu wird in einem einseitig geschlossenen Rohr von 200 mm Länge, entsprechend einer halben Kammerbreite, die eingesetzte Kohle schrittweise verkokt. Die aus der Kohle entbundenen Gase und Dämpfe werden über den gebildeten, glühenden Koks und zusätzlich durch eine Crackzone, den Gassammelkanal, geleitet. An das Verkokungsrohr sind die Absorptions- und die Gassammelgefäße zur Bestimmung der einzelnen Komponenten der Kohlewertstoffe angeschlossen. Die ältere gasbeheizte Apparatur und Arbeitsweise wurde späterhin durch K. SEELKOPF, Glückauf 66 (1930), 989, K. SCHEEBEN, Techn.Mitt. Krupp, Steinkohle 9 (1941), 33 und vor allem durch A. JENKER, Glückauf 68 (1932) 274 und E. HÜLSBRUCH u. W. MANTEL, Bergbauarchiv 7 (1947) 85/88 auf elektrische Beheizung umgestellt und auch sonst verbessert. Allerdings verblieb die schrittweise Verkokung, die auch mit einer stoßweisen Entgasung verbunden ist. Unsere Abänderungen gingen dahin, diese schrittweise Verkokung in eine kontinuierliche umzuwandeln. Dazu wurde der elektrische Verkokungsofen mit nur drei Heizkreisen statt der bisher üblichen 7 bis 8 versehen, von denen nur zwei für die eigentliche Verkokungszone verwendet werden, während der dritte über einen Regler die Temperatur der Crackzone konstant hält.

Über den Teil des Verkokungsrohres, der die Kohle enthält, wurde ein Kühler geschoben, der nach Erreichung der für die Zersetzungszone vorgesehenen Temperatur und etwa einstündiger Aufheizung des Ofens, langsam mit konstanter Geschwindigkeit durch einen Synchronmotor aus dem Ofen ausgefahren wurde. Abbildung 1 zeigt den Aufbau des Ofens, Abbildung 2 die elektrische Schaltung dazu.

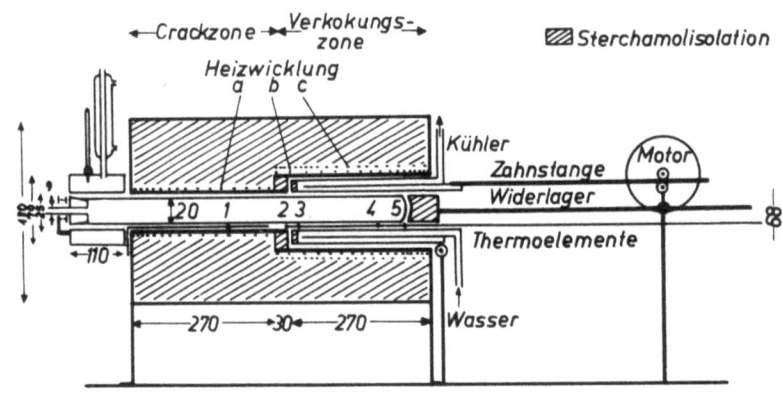

A b b i l d u n g 1
Verkokungsofen

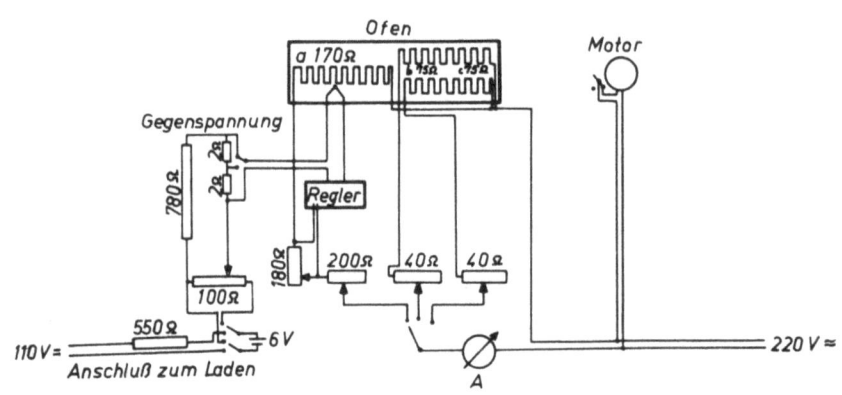

A b b i l d u n g 2
Schaltskizze zur Verkokungsanlage

Das Heizrohr der Crackzone ist in das Ende des weiteren (wegen des Platzbedarfes für den Kühler) Heizrohres der Verkokungszone eingesetzt, und der Zwischenraum durch einen Ring aus Sterchamol ausgefüllt. Beide Rohre liegen fest in Sterchamolformsteienen, deren Fugen durch Pulver abgedichtet sind, so daß eine ausreichende Wärmeisolation gegeben ist.

Die Heizdrähte a und b in Abbildung 1 sind am Ende des Ofens wegen der an dieser Stelle größeren Wärmeabstrahlung dichter gewickelt. Zur Kompensation der durch den Kühler abgeführten Wärme, wurde im Verkokungsteil noch eine 2. Wicklung c mit umgekehrtem Wicklungsabstand der Wicklung b angebracht. Durch diese Anordnung der Heizwicklungen ist bei einiger Erfahrung eine sehr gute programmäßige Steuerung des Ofens möglich. Für die Heizwicklungen wurde Draht aus Vacromium F extra von 0,5 mm ⌀ verwendet.

Der über die Verkokungszone reichende Kühler besteht aus hartverlöteten Messingrohren, an der im Ofen befindlichen Stirnseite ist ein Ring aus wärmeisolierenden Material als Wärmeschutz angebracht. Über die Zahnstange und Ritzel kann der Kühler ausgefahren werden, er stößt am Endpunkt an einen Kippschalter, der im Stromkreis des Antriebsmotors liegt, und schaltet diesen dann automatisch ab. Die Kohle wird mit der Geschwindigkeit der Kühlerbewegung kontinuierlich verkokt, so daß bei einer Einwaage von 15 g 4 bis 5 ccm Gas pro Minute entbunden werden, die die Absorptionsanlage gut aufnimmt. Das entspricht einer von JENKER empfohlenen Verkokungsgeschwindigkeit, die um das 10fache höher als die der Betriebsverkokung liegt.

Die drei Heizkreise, die wechselweise über ein Amperemeter schaltbar sind, werden durch Widerstände einreguliert. Die Zersetzungszone wurde unter Verwendung eines Nickel-Chromnickel-Thermoelementes über einen Regler hoher Empfindlichkeit gesteuert, dessen Nullpunkt durch eine von einem Akku gelieferte Gegenspannung unterdrückt wurde, so daß eine Regelung von $\pm 3°$ C vom Sollwert möglich war. Die Temperatur im Ofen wurde von einem 6-Farben-Punktschreiber an fünf Thermoelementmeßstellen, die in Abbildung 1 eingezeichnet sind, während der gesamten Verkokungsdauer alle 2 min kontrolliert.

Abbildung 3 und 4 geben den Temperaturverlauf im Ofen wieder.

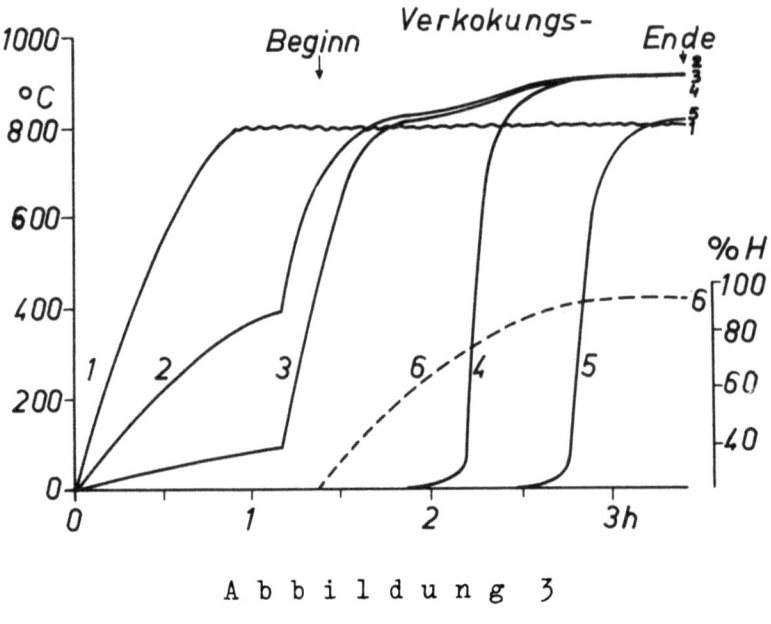

Abbildung 3
Schreiberdiagramm

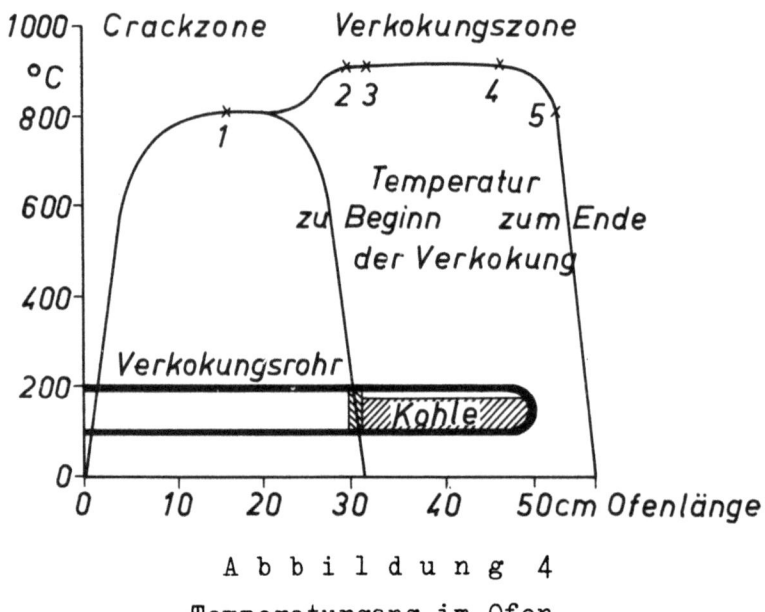

Abbildung 4
Temperaturgang im Ofen

War der Kühler ganz ausgefahren, so wurde Heizkreis c in Abbildung 1 ganz abgeschaltet.

Die Folge der Absorptionsgefäße wurde vom Ofenende aus wie üblich gewählt:

1/2 n H_2SO_4 - Trockenrohr, 20 %ige KOH - Trockenrohr und zuletzt die Gruppe Paraffinöl - Trockenrohr. Es stellte sich heraus, daß bei Kühlung des Paraffinöls auf mindestens - 16° C durch eine Eis-Kochsalzmischung, keine Gewichtszunahme nach dem Versuch im folgenden Trockenrohr festzustellen war. Die Analysen wurden nach den allgemein in der Kokereiindustrie üblichen Methoden ausgeführt. Ammoniak wurde durch Abtreiben mit 30 %iger Natronlauge bestimmt, Bildungswasser aus der Gewichtsdifferenz der in der ersten Absorptionsgefäßgruppe festgestellten Teer und Ammoniakmengen gegenüber der tatsächlichen Auswaage. Schwefelwasserstoff wurde jodometrisch bestimmt in der zweiten Gruppe, und wiederum aus der sich hier ergebenden Gewichtsdifferenz zur Auswaage auf Kohlendioxydmenge umgerechnet. Benzol und Homologe wurden direkt durch Auswägen der Paraffinöl enthaltenden Absorptionsgefäße bestimmt.

Zur Durchführung eines Verkokungsversuches werden die Absorptionsgefäße gefüllt und das Verkokungsrohr mit Kohle beschickt, wie es im einzelnen von A. JENKER, Glückauf 68 (1932) 274 beschrieben worden ist. Beim Einsetzen des Verkohlungsrohres ist darauf zu achten, daß die Kohle vollkommen gleichmäßig in dem Rohrteil, der für sie vorgesehen ist, verteilt wird und verteilt bleibt. Nun werden die Absorptionsgefäße und ein Quecksilbermanometer angeschlossen und die Apparatur auf Dichtigkeit geprüft. Erst jetzt wird die Beheizung des Ofens eingeschaltet (Heizkreis a 1,5 Amp., Heizkreis b und c je 2,2 Amp.). - Die Gasflamme für die Beheizung der Teervorlage wird angezündet. Nach etwa einer Stunde hat sich im Ofen das in Abbildung 4 gezeigte Temperaturgleichgewicht eingestellt. Die Crackzone befindet sich auf der für die Benzolbildung günstigsten Temperatur (800° C). Nun wird die Verkokung der Kohle durch Einschalten des Kühlermotors eingeleitet. Mit Hilfe der Ausgleichsgefäße an den Gassammelgefäßen wird eine konstante Saugung von 5 mm Quecksilbersäule eingehalten. Entsprechend dem Herausfahren des Kühlers aus dem Ofen wird der Strom für den Heizkreis c (Abb. 1) gedrosselt und schließlich ganz ausgeschaltet. Die Beheizung des Ofens wird nach dem Schreiberdiagramm (Abb. 3) gesteuert. Nachdem der Kühler vollständig aus dem Ofen herausgefahren ist (nach 10 Minuten), wird der Koks bei 900° C 40 Minuten lang ausgegart. Anschließend wird die gesamte Beheizung des Ofens ausgeschaltet, die Verbindung des Verkokungsrohres mit der Absorptionsanlage unterbrochen und das Rohr vorsichtig aus dem Ofen genommen. Die Absorptionsgefäße werden mit wasser- und kohlendioxydfreien Stickstoff gespült. Die anfallende Gasmenge nimmt mit dem Verlauf der Verkokung gleichmäßig zu. Gasproben wurden a) zu Beginn der

Verkokung, b) nach 10 Minuten und c) nach 40 Minuten Verkokungsdauer gezogen. Auf diese Weise war es möglich, die Änderung der Gaszusammensetzung im Verlauf der Verkokung genauer zu bestimmen. Eine weitere Probe wurde aus der Hauptmenge des Gases gezogen. Sämtliche Gasanalysen wurden auf stickstoff- und sauerstofffreies Reingas umgerechnet. Aus der Wichte der Gasbestandteile und der Volumenanteile der Gaskomponenten in den vier Gassammelgefäßen wurden die auf 1 g Gas bezogenen Gewichtsanteile der Gaskomponenten sowie die Wichte des Gases errechnet. Aus Wichte und Gesamtvolumen sowie eingesetzter Kohlenmenge ergibt sich der Gewichtsanteil Kohle, der in Gas überführt worden ist. Schließlich wurden die auf 1 g Gas bezogenen Gewichtanteile der Gaskomponenten auf den Gewichtsanteil des bei der Verkohlung der Kohle anfallenden Gases umgerechnet und aus den vier Gasanalysen die durchschnittliche Gaszusammensetzung errechnet (s. Tab. 10 bis 13).

Die gleichmäßige Gasentbindung über den ganzen Einsatz zeigt, daß die von uns gewählten Verkokungsbedingungen für die ganze Substanzprobe völlig gleichartig sind. Dies führt auch zu einem völlig gleichmäßigen Aussehen des anfallenden Koksstückes, was nicht der Fall ist, wenn ein Ofen älterer Bauart mit 8 Heizkreisen benutzt wird.

Da die zum Einsatz gebrachten Kohlen noch geringe Mengen an Aufbereitungsmittel enthielten, mußte dies bei den auf Reinkohle bezogenen Werten berücksichtigt werden. Es hatte sich gezeigt, daß sich ca. 80 % des Chlor aus dem Tetrachlorkohlenstoff als Salzsäure in der ersten, eisgekühlten Schwefelsäurevorlage wiederfand, deshalb wurde der Ammoniak auch durch Abtreiben mit 30%iger Natronlauge und zurücktitrieren der vorgelegten Schwefelsäure bestimmt. Über den Verbleib des Toluol kann nichts genaues gesagt werden. Die Korrektur der Analysenauswaagen wurde durch eine Aufteilung des Restes vom Aufbereiterungsmittel vorgenommen, indem angenommen wurde, daß sich 2/10 auf Koks, 2/10 auf Bezol, 2/10 auf Teer und 4/10 davon auf das Bildungswasser verteilen.

Die Untersuchungen an den Maceralmischungen wurden in derselben Bauapparatur und nach derselben Methode durchgeführt, nur mit dem Unterschied, daß das Verkokungsrohr aus Porzellan durch ein solches aus Quarz mit einem Durchmesser von 16 mm ersetzt wurde. In die Zersetzungszone des Quarzrohres wurde in 80 mm Abstand vom Ende des Rohres ein Pythagorasrohr von 140 mm Länge und 15 mm äußeren Durchmesser eingeführt, um die Zersetzungsverhältnisse denen des Porzellanrohres anzugleichen. Dieses Einsatzrohr graphitierte im Betrieb sehr schnell.

Da es bei den Versuchen nur darauf ankam festzustellen, ob extreme Abweichungen vom additiven Verhalten der Gemische festzustellen waren, wurde auf ein genaues Abstimmen der mit dieser veränderten Apparatur erhaltenen Ergebnisse mit den früheren verzichtet, natürlich waren die sonstigen Versuchsbedingungen unverändert beibehalten worden. Die an den Maceralmischungen erhaltenen Ergebnisse sind also wohl bei konstanten Bedingungen erhalten worden, die aber nicht ganz den bei der Untersuchung der Reinmacerale eingehaltenen Bedingungen entsprechen.

Die Abweichungen in der Temperaturführung sind durch einen Vergleich der Abbildung 2 mit Abbildung 5 zu ersehen.

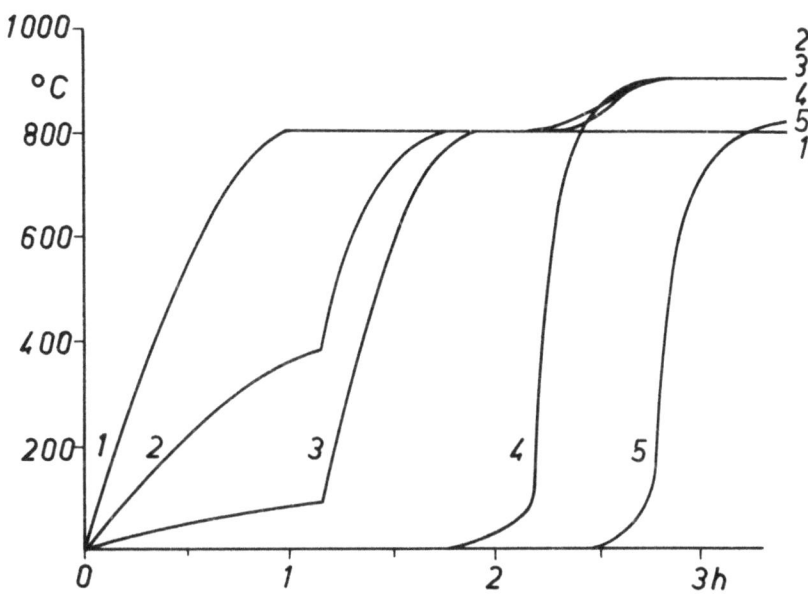

Abbildung 5

Schreiberdiagramm, Fahrweise des Ofens bei der Verkokung der Mischungen

Die bei den Maceralmischungen gewählte Verkokungsweise unterschied sich somit von der bei den Einzelgefügebestandteilen angewandten dadurch, daß erst in der letzten Stunde der Verkokung an den Meßstellen 2 und 3 die Temperatur von 800° C auf 900° C erhöht wurde. In den früheren Versuchen geschah dies bereits 40 min früher.

2. Dilatometerverhalten

a) Die reinen Gefügebestandteile

Die Befunde des Dilatometertestes an den reinen Gefügebestandteilen geben Tabelle 7 und die Abbildung 6

<u>T a b e l l e 7</u>

Dilatometertest

a)	b)	c)	d)	e)	f)
Flöz R					
Vitrinit	396	459	30	-27	2
Mikrinit	-	-	3	-	0
Exinit	(407)	-	(42)	(280)	5
Zollverein					
Vitrinit	397	469	33	13	3
Mikrinit	-	-	5	-	0
Exinit	(419)	-	(48)	(430)	5
Anna					
Vitrinit	401	487	23	110	4
Mikrinit	-	-	3	-	0
Exinit	(364)	488	42	(594)	5
Wilhelm					
Vitrinit	410	484	22	107	4
Mikrinit	-	-	8	-	0
Exinit	413	483	29	44	3

Spalte a) Art der Kohle
      b) Erweichungsbeginn in °C
      c) Wiederverfestigungspunkt in °C
      d) Kontraktion in %
      e) Dilation
      f) Kokungsvermögen

0 nicht kokend
1 sehr schwach kokend
2 schwach kokend
3 mittelmäßig kokend
4 gut kokend
5 überschüssiges Kokungsvermögen

Die Temperaturen des Erweichungsbeginns und des Wiederverfestigungspunktes können nicht genau aus den Diagrammen entnommen werden. Soweit sie zu unsicher sind, sind sie in Tabelle 7 fortgelassen bzw. in Klammern gesetzt. Die Untersuchung der Exinite aus den Flözen R, Zollverein und Anna mußte an 30 mm langen Preßlingen durchgeführt werden, da es nicht möglich war, aus diesen Exiniten einen 60 mm langen Preßling in einem Stück zu erhalten. Ganz allgemein haben wir bei der Herstellung der Preßlinge festgestellt, daß deren Gewinnung vom Inkohlungsgrad der eingesetzten Kohle abhängt, und zwar derart, daß mit steigendem Gehalt an Flüchtigen das Ausstoßen des Preßlings aus der Preßform immer schwieriger wird. Dies gilt nicht nur für die Exinite, sondern auch für Gemische aus Vitriniten mit Exinit und Mikrinit. Bei den Gefügebestandteilen des jüngsten Flözes R und ihren Mischungen sowie bei Flöz Zollverein im Falle der Vitrinit-Exinit-Gemische wird die Herstellung der Preßlinge fast unmöglich. Diese Erfahrungen decken sich mit unseren Kompressibilitätsmessungen an den Reingefügebestandteilen. Bei den oben genannten Mischungen tritt also an die Stelle des Ausstoßens des Kohlepreßlings eine weitere Kompression der Kohlesubstanz.

Die günstigste Korngröße lag bei ca 0,1 mm. Aus Gründen der Vergleichbarkeit der Resultate wurde immer mit einer Erhitzungsgeschwindigkeit von 3° C/Min aufgeheizt.

Die Dilationskurven der <u>Vitrinite</u> Abbildung 6a zeigen den für Vitrit bekannten Verlauf, wie er von H. HOFFMANN u. K. HOEHNE, Brennstoffchemie 35 (1954) 202, 236, 269 beschrieben worden ist. Nach dieser umfassenden Arbeit hätte vermutet werden können, daß der <u>Mikrinit</u> wenigstens ein subplastisches Verhalten aufweisen würde. Wie die Kurven Abbildung 6b jedoch lehren, tritt erst bei höheren Temperaturen eine gewisse Kontraktion ein, die aber als Schwinden - wie das Schwinden eines Kokses bei der Ausgarung - anzusehen ist. Die echte Kontraktion im Dilatometer ist ja dadurch verursacht, daß der Kohlepreßling nur ca. 70 % des im Verkokungsrohr zur Verfügung stehenden Volumens einnimmt. Nachdem die Kohle die Erweichungstemperatur erreicht hat, drückt der Stempel die nunmehr plastische Kohle zusammen bis sie das Rohr ganz ausfüllt, bzw. bis durch Bildung von Gasblasen der Stempel nach oben gedrückt wird (Expansion). Die Kontraktion zeigt also an, daß die Kohle plastisch geworden ist.

Das Dilatometerverhalten der <u>Exinite</u> ändert sich stark mit dem Inkohlungsgrad (Abb. 6c). Die Gaskohlenexinite erweichen "fluido" plastisch. Mit dem relativ scharfen Erweichungsbeginn setzt eine schnell durchlaufende Kontraktion ein, auf die eine plötzlich starke Expansion folgt.

Forschungsberichte des Wirtschafts- und Verkehrsministeriums Nordrhein-Westfalen

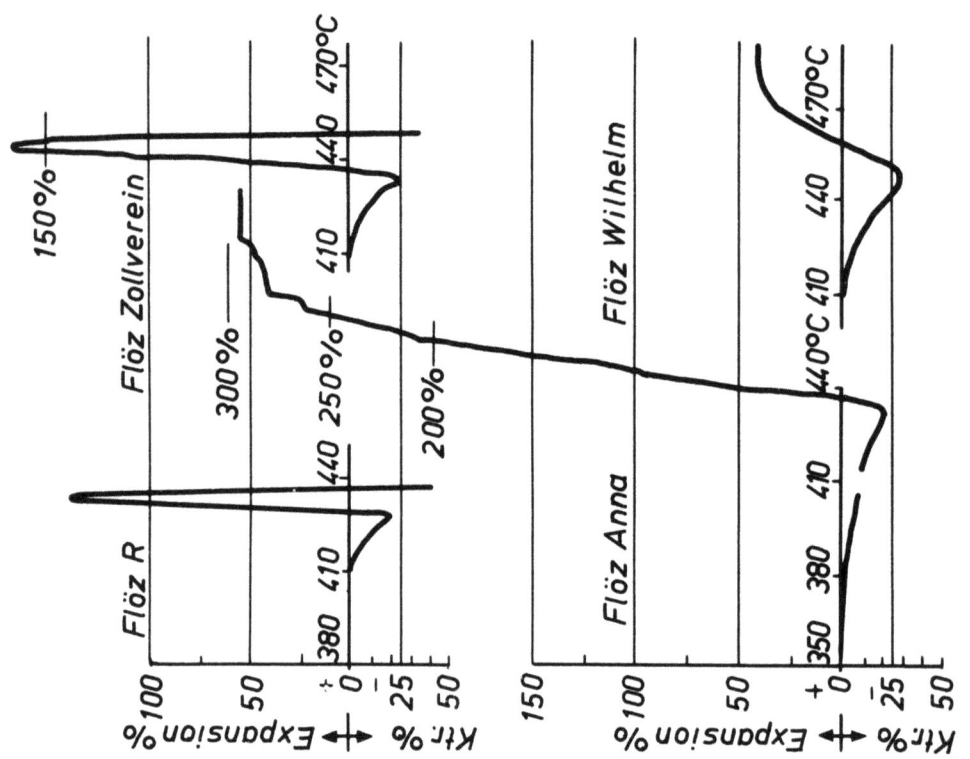
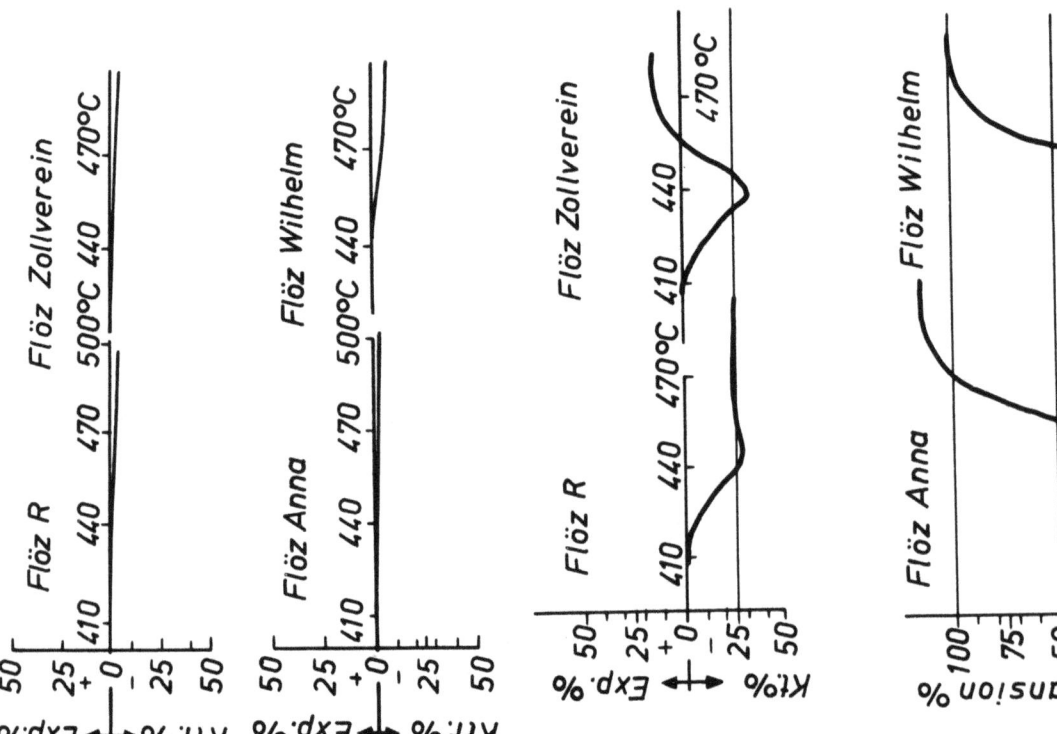
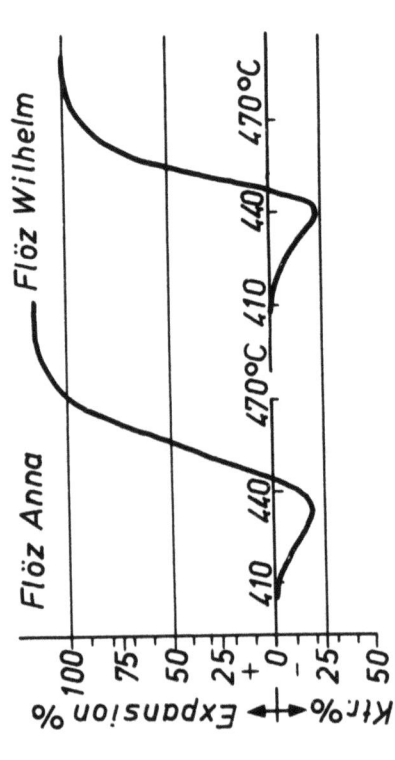

Abbildung 6
Dilatometertest

a) Vitrinit b) Mikrinit c) Exinit

Es entwickelt sich also schlagartig Gas, das die niedrig-viskose plastische Kohle aufbläht. Die Festigkeit und Tragfähigkeit der Blasen wird schnell so gering, daß der Belastungsstempel (von 145 g Gewicht) auf den Boden sinkt. Infolgedessen ist die Temperatur der Wiederverfestigung nicht zu beobachten. Der Exinit der jungen Fettkohle Anna zeigt schon "para"-plastischen Charakter, wie er von HOFFMANN und HOEHNE für Vitrite angegeben wird.

Die Dilatometerkurve des Exinits aus Flöz Wilhelm gleicht bereits vollkommen derjenigen eines Vitrits.

b) Der Einfluß von Exinit- und Mikrinitzusätzen auf das Dilationsverhalten des Vitrinits

Zur Klärung der Frage, wie sich das unterschiedliche Dilatationsverhalten der Gefügebestandteile in ihren Mischungen auswirkt, wurden Mischungsreihen dieser Gefügebestandteile untersucht. Entsprechende Untersuchungen an Mischungsreihen von Streifenarten (Vitriten-Duriten, Vitriten mit Fusitzusätzen) sind bereits schon von H. HOFFMANN, Öl und Kohle 40 (1944) S. 538, 550 und 582 durchgeführt, an Vitriten mit Clariten und Vitriten mit exinit- und mikrinitreichen Fusiten von HOFFMANN und HOEHNE (s Letztere Untersuchungen lassen einen kontinuierlichen Übergang der beiden Ausgangskomponenten zugehörenden Kurven in den Mischungen erkennen. Die Ausgangsstreifenarten sind jedoch nur nach Gruben, nicht nach Flözen charakterisiert. Unsere Untersuchungen beziehen sich daher sowohl auf Gemische der Gefügebestandteile gleicher Flöze (gleicher Inkohlungsstufe, Abb. 7) als auch unterschiedlicher Flöze (Inkohlungsstufen). Da es im wesentlichen darauf ankam, die Beeinflussung des Verhaltens des Vitrinits zu kennzeichnen, wurden die Exinit- und Mikrinitzusätze in den Grenzen von 20 % gehalten. Die zugehörigen Zahlenwerte sind aus Tabelle 8 und 9 zu entnehmen.

Die in den Tabellen 8 und 9 aufgeführten Werte für die Dilatation und Kontraktion sind in den Abbildungen 8a und b in Abhängigkeit vom Mischungsverhältnis (Gew.%) Vitrinit-Exinit bzw. -Mikrinit aufgetragen. Da bei den reinen Exiniten Flöz R bis Anna die Tragfähigkeit der plastischen Masse immer geringer wird (s. vorstehenden Abschnitt), so daß der Belastungsstempel einsinkt, ist ein wirklicher maximaler Wert nicht zu ermitteln. Es wurde daher für diese Exinite der erhaltene Spitzenwert der Dilation eingesetzt. Zu diesem Wert führen die in Abbildung 8 ein-

Forschungsberichte des Wirtschafts- und Verkehrsministeriums Nordrhein-Westfalen

T a b e l l e 8

Dilatometertest an Gemischen von Gefügebestandteilen desselben Flözes

Flöz	Mischg. verhältnis	Erweichungspunkt (°C)	Wiederverfestigungspunkt (°C)	Kontraktion (%)	Expansion (%)
Wilh. Anna Zollv. R	100% Vitrinit	410 404 401 397	485 482 472 464	16 23 31 28	102 106 15 (-24)
Wilh. Anna Zollv. R	90 % Vitrinit 10 % Exinit	413 402 410 401	492 496 480 466	10 19 31 32	84 118 58 (-7)
Wilh. Anna Zollv. R	80 % Vitrinit 20 % Exinit	414 405 412 402	496 495 484 480	9 22 32 34	89 142 118 (350 400)
Wilh. Anna Zollv. R	90% Vitrinit 10 % Mikrinit	419 412 408 414++)	502 493 481 -	12 18 30 17	75 58 (- 6) -
Wiln. Anna Zollv. R	80 % Vitrinit 20 % Mikrinit	425 413 410 411++)	496 494 479 -	8 20 30 13	52 28 (- 23) -

+) = 30 mm langer Preßling   ++) = Erweichungspunkt und Beginn einer Kontraktion

gezeichneten Additivitätsgeraden, die für die Gemische aus <u>Vitrinit</u> und <u>Exinit</u> Flöz R bis Anna stark ansteigen, für die des Flözes Wilhelm dagegen abfallen. Die für diese Mischungen gefundenen Werte liegen auf Kurven, die zuerst unterhalb dieser Geraden verlaufen, dann jedoch stark ansteigen, so daß die Additivitätswerte übertroffen werden. Der Schnittpunkt mit der Additivitätsgeraden liegt bei Flöz R bis Anna bei um so höheren Exinitwerten, je älter das Flöz ist. Bei Flöz Wilhelm wird der additive Wert bereits wieder bei einem 20 %igen Exinitgehalt erreicht.

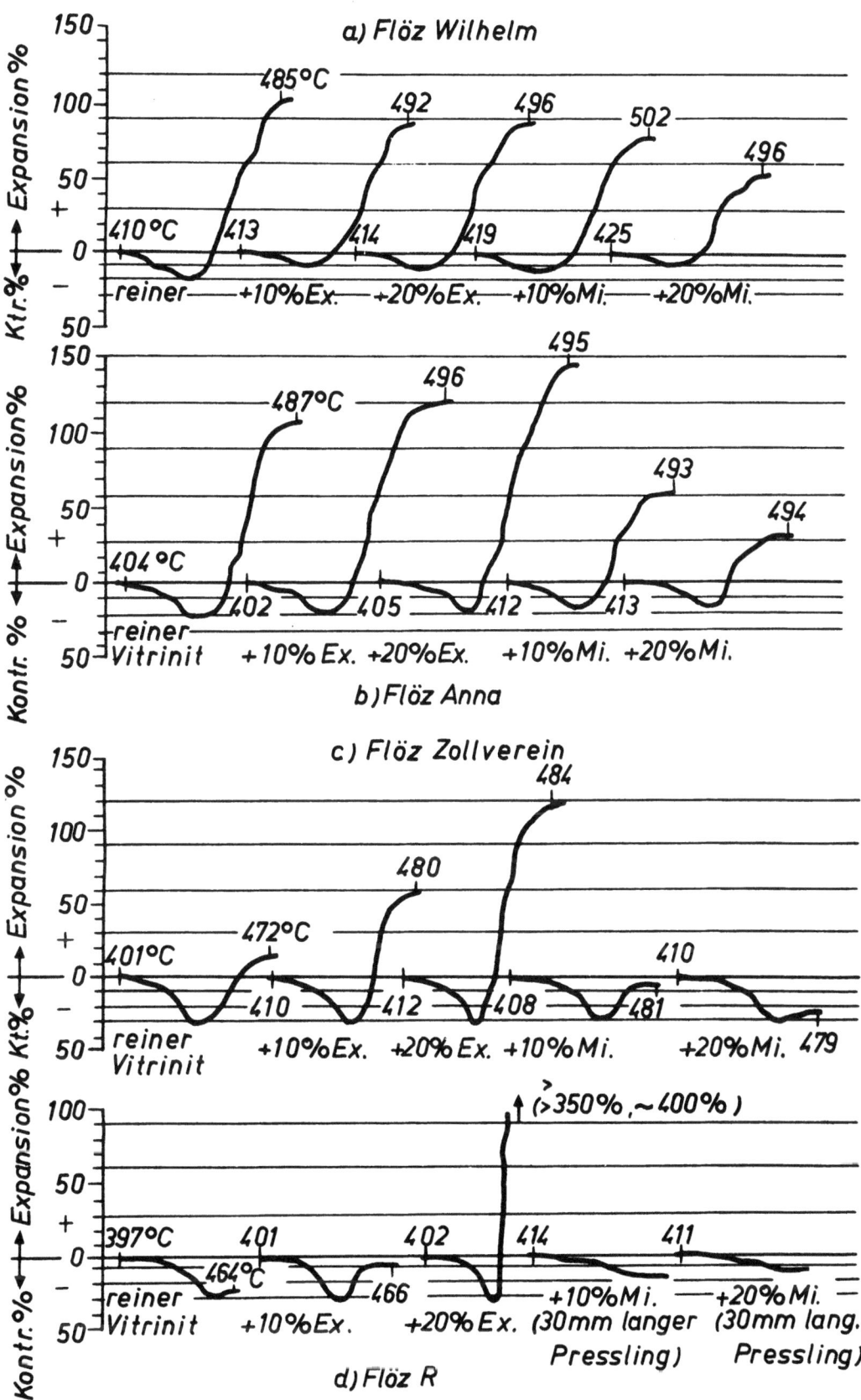

Abbildung 7
Dilatometertest für Vitrinite mit Zusätzen
von Exinit und Mikrinit

Tabelle 9

Dilatometertest an Gemischen aus Gefügebestandteilen
unterschiedlicher Flöze

	Erweichungspunkt	Wiederverfestigungspunkt	Kontraktion %	Dilatation %
50 % Vitrinit Flöz Wilh. 50 % Vitrinit Flöz Zollv.	408	485	28	32
50 % Vitrinit Flöz Anna 50 % Vitrinit Flöz R	401	479	28	(-15)
80 % Vitrinit Flöz Wilh. 20 % Exinit Flöz Anna	405	490	26	148
80 % Vitrinit 10 % Exinit Flöz Anna 10 % Mikrinit	407	491	24	65

Bei den Vitrinit-Mikrinitgemischen bleiben die beobachteten Werte ebenfalls hinter den additiven zurück, und zwar um so mehr, je jünger das Flöz ist. Allein bei Flöz R liegen die Werte oberhalb der Additivitätsgeraden. Daraus muß auf einen gewissen Strukturwandel im Vitrinit beim Übergang von Flöz Zollverein zu R geschlossen werden. Diese Kohle zeigt ja auch praktisch nur noch eine Kontraktion, entsprechend einem Auseinanderfallen der Temperaturgebiete verstärkten Aufschmelzen und verstärkter Gasbildung.

Aussagen über Art und Menge der aufschmelzenden Anteile lassen sich aus der Lage des Erweichungspunktes und aus dem Grad der maximalen Kontraktion gewinnen. Im allgemeinen steigt mit steigender Inkohlung der Erweichungspunkt an. Dieser Anstieg ist jedoch nur bei den reinen Vitriniten gleichmäßig, bei den Mikrinitzusätzen wird ein flaches Minimum durchlaufen, während bei den Vitrinit-Exinitmischungen eine Unstetigkeit im gradlinigen Verlauf bei 30 bis 34 % Flüchtige sich einstellt. Die maximale Kontraktion nimmt bei den Vitriniten in Abhängigkeit von den Flüchtigen erst zu, dann wieder ab. Die Spitze liegt bei 32 % Flüchtige. Eine entsprechende Zunahme, jedoch bei etwa um 5 % niedrigen Werten, liegt bei den Vitrinit-Exinit-Mischungen bis 35 % Flüchtige vor. Dann tritt im Gegensatz zu den reinen Vitriten kein Absinken, sondern ein verlangsamter weiterer Anstieg ein. Der Mikrinitzusatz ruft in allen Fällen eine Minderung hervor, die bei Flöz Zollverein am geringsten ist.

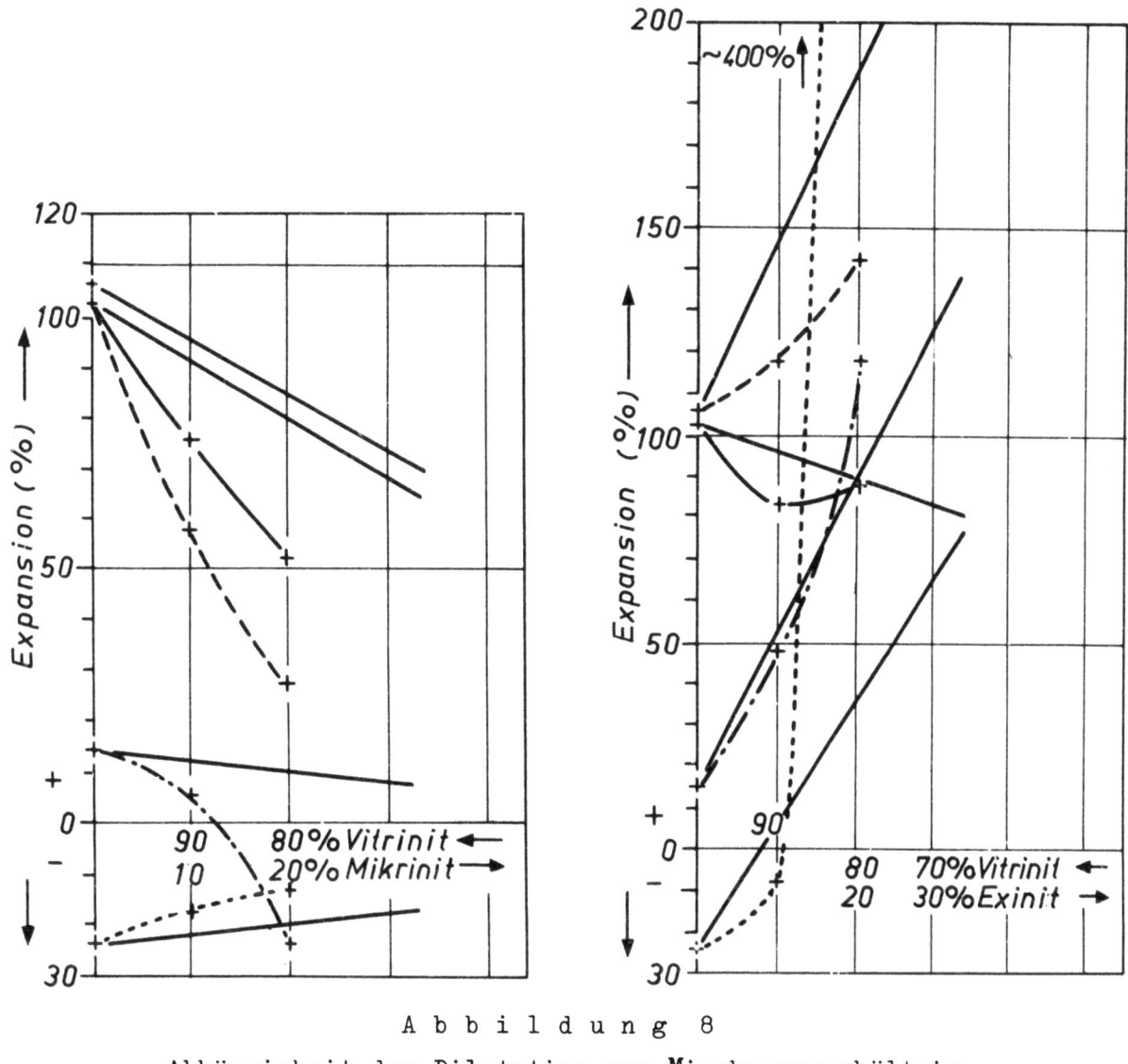

Abbildung 8
Abhängigkeit der Dilatation vom Mischungsverhältnis

——— Flöz Wilhelm   ········ Flöz R
– – – Flöz Anna   ——— Additivitäts-
–·— Flöz Zollverein   geraden

3. Kohlenwertstoffbildung

a) Ergebnisse der BAUERverkokung an den reinen Gefügebestandteilen

Die aus den Gefügebestandteilen der 4 Flöze erhaltenen Mengen an Koks, Kohlewertstoffen und Gas, einschl. deren Zusammensetzung, sind in den Tabellen 10 - 13 und den Abbildungen 9 und 10 zusammengestellt. Die Werte sind auf Reinkohle bezogen, wobei bei der Berechnung der Gehalt der Kohlen an Aufbereitungsmittel (s.S.18) berücksichtigt wurde.

Forschungsberichte des Wirtschafts- und Verkehrsministeriums Nordrhein-Westfalen

Tabelle 10

Ausbringen an Koks und Kohlewertstoffen aus den Gefügebestandteilen aus Flöz R bezogen auf Reinkohle

		Vitrinit	Mikrinit	Exinit
Reinkoks	in Gew.%	69,53	80,02	58,28
Teer		3,62	1,24	7,93
Benzol		2,05	0,98	4,17
Bildungswasser		7,18	4,07	4,31
Ammoniak		0,26	0,13	0,12
Schwefelwasserstoff		0,32	0,11	0,43
Kohlendioxyd		1,65	2,36	0,99
Gas, inertfrei		15,28	11,16	23,88
	Summe	99,89	100,07	100,11
Gasmenge, inertfrei in Nm³/t		342	333	473
durchschn. Gaszusammensetzung				
SKW	in Vol.%	3,0	0,7	6,0
CO		10,9	12,6	7,4
H_2		58,7	70,6	49,2
CH_4		27,4	16,1	37,4
	Summe	100,0	100,0	100,0
Einzelgasmengen in Gew.% Reinkohle				
SKW	in Gew.%	1,95	0,42	5,27
CO		4,59	5,03	4,26
H_2		1,83	2,02	2,03
CH_4		6,81	3,69	12,32
	Summe	15,28	11,16	23,88
Gaszusammensetzung				
a) zu Beginn der Verkokung				
SKW	in Vol.%	7,0	5,5	6,1
CO		11,4	10,0	7,7
H_2		41,0	48,3	41,8
CH_4		40,6	36,2	44,4
b) nach 10 Minuten				
SKW	in Vol.%	4,5	1,4	7,7
CO		11,3	11,3	7,8
H_2		52,2	63,4	40,7
CH_4		32,0	23,9	43,8
c) nach 40 Minuten				
SKW	in Vol.%	2,5	0,3	7,3
CI		12,1	16,2	8,4
H_2		52,9	72,0	44,9
CH_4		25,5	11,5	39,4

Tabelle 11

Ausbringen an Koks und Kohlewertstoffen aus den Gefügebestandteilen Flöz Zollverein, bezogen auf Reinkohle

		Vitrinit	Mikrinit	Exinit
Reinkoks	in Gew.%	73,09	80,77	61,73
Teer		3,49	2,15	6,58
Benzol		1,89	1,07	3,60
Bildungswasser		5,66	3,49	2,54
Ammoniak		0,25	0,17	0,13
Schwefelwasserstoff		0,27	0,09	0,43
Kohlendioxyd		0,92	1,42	0,99
Gas, inertfrei		14,29	10,89	23,13
	Summe:	99,86	100,05	100,13
Gasmenge, inertfrei in Nm^3/t		338	315	434
durchschn. Gaszusammensetzung:				
SKW	in Vol.%	2,9	1,2	4,8
CO		7,8	9,4	4,6
H_2		61,6	69,8	51,7
CH_4		27,7	19,6	38,9
	Summe:	100,0	100,0	100,0
Einzelgasmessungen in Gew.% der Reinkohle:				
SKW		1,96	0,72	4,49
CO		3,41	3,73	2,81
H_2		1,95	1,99	2,26
CH_4		6,97	4,45	13,57
	Summe:	14,29	10,89	23,13

Gaszusammensetzung:	a) zu Beginn der Verkokung			
SKW	in Vol.%	7,6	4,7	11,1
CO		8,9	7,7	4,7
H_2		36,4	49,1	34,3
CH_4		47,1	38,5	49,9
	b) nach 10 Minuten:			
SKW	in Vol.%	4,5	2,1	9,8
CO		8,6	9,2	5,7
H_2		53,4	63,4	39,4
CH_4		33,5	25,3	45,1
	c) nach 40 Minuten			
SKW	in Vol.%	2,6	0,9	2,0
CO		8,3	11,9	5,5
H_2		64,0	68,4	57,1
CH_4		25,1	18,8	35,4

Tabelle 12
Ausbringen an Koks und Kohlewertstoffen aus den Gefügebestandteilen
Flöz Anna, bezogen auf Reinkohle

		Vitrinit	Mikrinit	Exinit
Reinkoks	in Gew.%	77,42	82,41	74,34
Teer		3,63	2,31	5,46
Bildungswasser		1,92	1,13	2,34
Ammoniak		3,10	1,83	1,75
Schwefelwasserstoff		0,21	0,21	0,03
Kohlendioxyd		0,25	0,10	0,12
Gas, inertfrei		12,74	11,23	16,19
	Summe:	99,91	100,09	99,87
Gasmenge, inertfrei in Nm^3/t		346	323	427
Durchschn. Gaszusammensetzung:				
SKW	in Vol.%	2,4	0,7	3,9
CO		4,7	9,4	3,4
H_2		65,0	71,2	60,4
CH_4		27,9	18,7	32,3
	Summe	100,0	100,0	100,0
Einzelgasmessungen in Gew.% der Reinkohle:				
SKW	in Gew.%	1,24	0,46	1,09
CO		2,15	4,02	1,93
H_2		2,11	2,17	2,59
CH_4		7,24	4,58	10,58
	Summe:	12,74	11,23	16,19
Gaszusammensetzung: a) zu Beginn der Verkokung				
SKW	in Vol.%	5,9	3,8	5,7
CO		3,5	5,9	4,0
H_2		41,9	51,5	50,8
CH_4		48,7	38,8	39,5
b) nach 10 Minuten:				
SKW		4,1	1,2	3,2
CO		5,2	7,7	5,2
H_2		53,5	65,0	54,0
CH_4		37,2	26,1	37,6
c) nach 40 Minuten				
SKW		0,9	0,5	1,0
CO		5,9	12,9	4,1
H_2		64,8	71,2	60,8
CH_4		28,4	15,4	34,1

Tabelle 13

Ausbringen an Koks und Kohlenwertstoffen aus den Gefügebestandteilen Flöz Wilhelm, bezogen auf Reinkohle

		Vitrinit	Mikrinit	Exinit
Reinkoks	in Gew.%	79,85	84,63	80,12
Teer		3,68	2,10	3,32
Benzol		1,62	0,99	1,68
Bildungswasser		1,37	2,02	2,61
Ammoniak		0,24	0,12	0,24
Schwefelwasserstoff		0,17	0,11	0,14
Kohlendioxyd		0,58	0,83	0,73
Gas, inertfrei		12,41	9,27	11,20
Summe:		99,92	100,07	100,04
Gasmenge, inertfrei in Nm^3/t		347	293	327
durchschn. Gaszusammensetzung:				
SKW	in Vol.%	2,1	1,1	2,7
CO		4,0	7,0	3,9
H_2		66,6	71,8	67,0
CH_4		27,3	20,1	26,4
Summe:		100,0	100,0	100,0
Einzelgasmessungen in Gew.% der Reinkohle:				
SKW	in Gew.%	1,45	0,62	1,63
CO		1,79	2,55	1,57
H_2		2,15	1,89	1,93
CH_4		7,02	4,21	6,07
Summe:		12,41	9,27	11,20
Gaszusammensetzung a) zu Beginn der Verkokung:				
SKW	in Gew.%	4,2	3,7	5,8
CO		4,6	4,1	4,0
H_2		48,8	54,2	43,7
CH_4		42,4	38,0	46,5
b) nach 10 Minuten				
SKW		3,4	1,1	5,7
CO		4,8	6,1	4,5
H_2		59,8	68,4	51,2
CH_4		32,0	24,4	38,6
c) nach 40 Minuten				
SKW		0,9	1,0	2,6
CO		4,5	8,8	5,4
H_2		73,2	72,2	62,5
CH_4		21,4	18,0	29,5

Im einzelnen läßt sich folgendes sagen: Das Koksausbringen fällt in der Reihenfolge Mikrinit-Vitrinit-Exinit, wobei die Unterschiede im jüngsten Flöz am größten sind. Mit steigender Inkohlung findet eine Annäherung statt, die zu einer Gleichstellung des Koksausbringens von Exinit und Vitrinit des Flözes Wilhelm führt. Das Ausbringen an Teer aus Vitrinit ist im untersuchten Inkohlungsbereich konstant, 3,5 %, ebenso in etwa dasjenige aus Mikrinit ($\sim$ 2 %). Die Teerausbeuten der Exinite fallen von 8 % (Flöz R) auf 3,5 % (Flöz Wilhelm). Ein analoges Bild (jedoch mit anderen Absolutwerten) bietet das Benzolausbringen.

Die auf inertfreies Gas berechneten Gasausbeuten fallen in der Reihenfolge Exinit-Vitrinit-Mikrinit. Beim Mikrinit liegen die Werte um 4 bis 7 % niedriger als beim Vitrinit, steigen jedoch mit der Inkohlung von 15 auf 50 Nm^3/t an. Der Exinit Flöz R liefert etwa das 1,4-fache des Vitrinits, im Flöz Wilhelm sind die Gasausbeuten von Exinit und Vitrinit gleich hoch. Das Mikrinitgas ist reicher an Kohlenoxyd und Wasserstoff, aber ärmer an schweren Kohlenwasserstoffen und Methan als das Vitrinitgas, während für das Exinitgas das Entgegengesetzte gilt.

Durch die Verkokungsbedingungen unterliegen die primären Spaltprodukte der Kohlen (Teer, Gas, Wasser) noch einer nachträglichen Umwandlung, deren Ausmaß durch Temperatur und Kontaktzeit mit dem glühenden Koks bzw. den Kammerwänden gegeben ist. Die Wirkung des anfallenden Kokses ist dabei erheblich. Nun ist bei den Exiniten die Menge der primär entstehenden gas- und dampfförmigen Spaltprodukte am größten, die Urkoksmenge am geringsten, so daß hier dessen Einfluß auf die im wesentlichen verlaufenden Spalt- und Kondensations- (Aromatisierungs-)reaktionen am geringsten ist. Andererseits wird durch die größere Menge der primären Spaltprodukte beim Exinit auch der durch Pyrolyse entstandene "Teerkoks"-Anteil vergrößert und somit die Gesamtkoksausbeute erhöht. Das Benzolausbringen wird durch die Temperatur im Gassammelraum sehr wesentlich beeinflußt. Infolgedessen steigt bei dem jungen Exinit das Benzolausbringen auf etwa den doppelten Wert der Vitrinite an.

Ein Teil des Sauerstoffes wird bei der Pyrolyse als Bildungswasser entbunden. Dieses Bildungswasser wie auch das Feuchtigkeitswasser wird sich z.T. gemäß der Wassergasreaktion mit dem aus der Kohle gebildeten Koks umsetzen.

Da die Verkokung der einzelnen Gefügebestandteile in unserer Apparatur unter genau gleichen Bedingungen erfolgte, kann aus den erhaltenen Ergebnissen geschlossen werden, inwieweit diese allein durch die unterschiedliche Elementarzusammensetzung der Ausgangskohlen in Bezug auf C, H, O, N und S (vgl. Tab. 6) bedingt sind oder inwieweit die in den Gefügebestandteilen vorliegenden unterschiedlichen chemischen Strukturen mitwirken.

So ist die <u>Koksausbeute</u> in erster Linie durch den Aromatenteil der Kohlen und durch den Zersetzungsgrad der Primärprodukte (s. oben) bestimmt. Somit ist eine eindeutige Relation zwischen C-Gehalt einer Kohle und Höhe der Koksausbeute nicht gegeben.

Andererseits bestehen, wie van KREVELEN, FUEL 29 (1950) 276, W. HUCK und H. KARWEIL, Brennstoffchemie 36 (1955) 1 nachweisen konnten, lineare Beziehungen zwischen Aromatanteil und Menge des gebildeten Tiegelkokses, d.h. den Flüchtigen der Kohle. Trägt man daher die bei der Bauerverkokung erhaltenen Koksmengen in Abhängigkeit vom Gehalt an Flüchtigen der Macerale auf (Abb. 9), so erhält man für die Vitrinite und Mikrinite eine Gerade, die der Beziehung

$$\text{Reinkoks (in \%)} = 96{,}67 - 0{,}707 \cdot \% \text{ Flüchtige}$$

gehorcht. Diese Beziehung gilt auch für den ältesten Exinit, während bei den jüngeren Exiniten mit abnehmendem Inkohlungsgrad eine immer stärkere Abweichung nach höheren Werten auftritt. Diese Abweichung ist durch die bereits oben erwähnte vermehrte Teerkoksbildung bedingt. Die durch Crakkung bei den Exiniten mit Flüchtigen $> 22{,}3\,\%$ zusätzlich entstandene Teerkoksmenge beträgt somit

$$\text{Teerkoks (\%)} = 0{,}213 \cdot \% \text{ Flüchtige} - 4{,}67.$$

Die Menge an <u>Bildungswasser</u> nimmt mit steigendem Kohlenstoffgehalt und damit mit abnehmendem Sauerstoffgehalt der Kohle ab (Abb. 10). Ein Einfluß der Kohlestruktur liegt jedoch insofern vor, als 2 Geraden sich ergeben, d.h., die Bildungswassermenge (in g/100 g Kohle) für die Mikrinite und Vitrinit Wilhelm sind deutlich von denen der anderen Gefügebestandteile abgesetzt.

Die Ausbeuten an Kohlewertstoffen lassen sich nicht in direkte Beziehung zum Kohlenstoffgehalt der Kohle setzen.

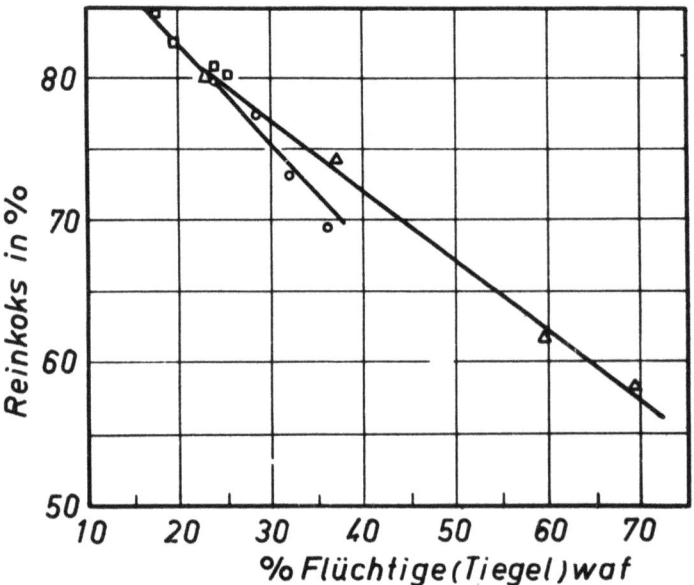

Abbildung 9

Abhängigkeit des Koksausbringens vom Gehalt

an Flüchtigen der Macerale

    o Vitrinit
    ▫ Mikrinit
    ▲ Exinit

Das Teerausbringen ist vielmehr dem Wasserstoffgehalt einer Kohle proportional.

Es gilt für die gefundenen Werte

$$\% \text{ Teer} = 1{,}835 \cdot \% \text{ H} - 5{,}6$$

Die Konstanten sind jedoch von den Verkokungsbedingungen abhängig. Für verschärfte Bedingungen wie sie bei unseren Untersuchungen an Steinkohlen (vgl. C. KRÖGER, P. KAUNERT, Fr. KUTHE, Brennstoffchemie 36 (1955) 142 angewandt wurden, gelten die Werte 1,573 bzw. -6,0. Aus diesen Untersuchungen folgt, daß je nach Verkokungsbedingungen Kohlen mit Wasserstoffwerten unterhalb 3 bis 4 % keinen Teer mehr liefern.

Auch das Benzolausbringen hängt mit dem Wasserstoffgehalt der Kohle zusammen. Es läßt sich jedoch besser mit dem H/C-Verhältnis (Atomverhältniszahlen) der Kohle in Beziehung setzen.
Es gilt:

$$\% \text{ Benzol} = 7{,}0 \cdot \text{H/C} - 3{,}0$$

und für die oben erwähnten Steinkohlen unter den verschärften Bedingungen:

$$\% \text{ Benzol} = 6{,}5 \cdot \text{H/C} - 3{,}4$$

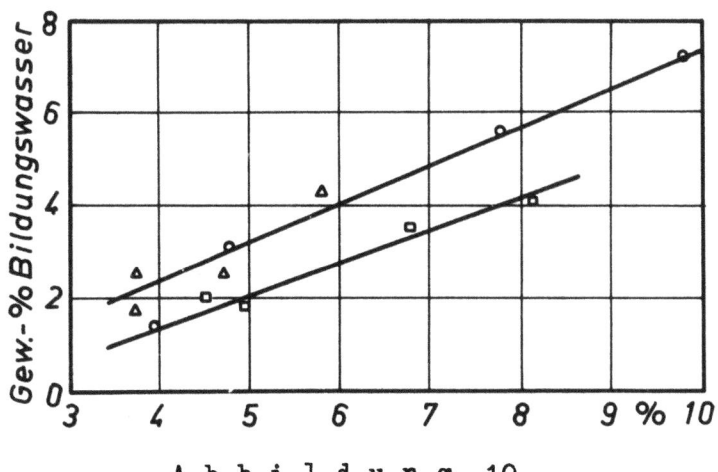

Abbildung 10

Ausbringen an Bildungswasser in Abhängigkeit vom
Sauerstoffgehalt der Macerale

o Vitrinit
□ Mikrinit
△ Exinit

Bei H/C-Werten kleiner 0,42 bis 0,53 entfällt die Benzolbildung.

Dem H/C-Verhältnis weiterhin proportional sind die Ausbeuten (Gew.%) an schweren Kohlenwasserstoffen und an Methan, während bei der Gesamtgasausbeute (inertfrei) die Proportionalität besser gewahrt ist, wenn die Auftragung in Abhängigkeit vom Gehalt an Flüchtigen erfolgt.

Die Verhältnisse lassen sich durch folgende Gleichungen beschreiben:

$$\% \text{ SKW} = 1{,}055 \text{ H/C} - 5{,}4$$

Die Bildung der schweren Kohlenwasserstoffe (SKW) tritt erst ein, wenn das H/C-Verhältnis den Wert 0,5 überschreitet.

Für die Methanbildung gilt:

$$\% \text{ Methan} = 23{,}5 \text{ H/C} - 9{,}0$$

Es können von dieser Beziehung jedoch größere Abweichungen auftreten. Die Methanbildung erlischt, wenn der H/C-Wert unter 0,4 gesunken ist.

Die inertfreie Gasmenge (in Gewichtsprozenten) der eingesetzten Kohle ergibt sich angenähert zu

$$\text{Gew.\% Gas} = 0{,}286 \cdot \% \text{ Flüchtige} + 5{,}2$$

Das Ausbringen an Kohlenmon- und dioxyd läßt, wie das Ausbringen an Bildungswasser (s. oben) einen Einfluß der chemischen Struktur der Gefügebestandteile erkennen. Dieses Ausbringen ist naturgemäß vom Sauerstoffgehalt abhängig. Es ergeben sich jedoch für die Gefügebestandteile unterschiedliche Kurven, wie dies auch von C. KRÖGER und A. POHL, Brennstoffchemie 38 (1957) S. 102 bei der Primärgasbildung gefunden war.

Die ausgebrachten Gesamtmengen an Kohlenmon- und -dioxyd liegen für Mikrinite und Exinite höher als für Vitrinite. Während die Differenz bei den Mikriniten mit fallendem Sauerstoffgehalt nur langsam abnimmt, ist diese Abnahme bei den Exiniten erheblich stärker, so daß Exinit und Vitrinit Wilhelm und Anna praktisch dieselben Werte ergeben.

Die Unterschiede im Ausbringen an Kohlendioxyd haben sich gegenüber dem Primärgas (s. oben) weiter angeglichen. Nur die jüngeren Mikrinite weisen noch gegenüber der für die anderen Gefügebestandteile gültigen Geraden erhöhte Werte auf.

Die bei der BAUERverkohlung angefallenen Wasserstoffmengen sind unabhängig von Gefügebestandteil und Inkohlungsgrad. Sie betragen ∼ 2 % vom Einsatzgewicht der Kohle. Daraus folgt, daß bei der Verkokung das Ausbringen an Wasserstoff allein von den physikalischen Verkohlungsbedingungen abhängig ist.

b) Ergebnisse an den Maceralmischungen

Die mit den auf Seite 11 aufgeführten Maceralmischungen erhaltenen Ergebnisse bringt die Tabelle 14a und b. Spalte 3 dieser Tabellen gibt die gefundenen Werte, Spalte 2 die Werte, die sich aus den für die reinen Gefügebestandteile gefundenen Werten (s. Tab. 10 - 13) additiv errechnen lassen. Man ersieht, daß nicht unerhebliche Differenzen vorliegen. Das gefundene Koksausbringen liegt niedriger, die Teerausbeute (um ca. 60 %) höher als die errechneten Werte. Dies ist in erster Linie darauf zurückzuführen, daß die Verkokungstemperaturen an den Meßstellen 2 u. 3 (s. S.17) erst in der letzten Stunde auf 900° C erhöht wurden.

Um zu einer wirklichen Kontrolle der Additivität des Ausbringens zu gelangen, dürfen jedoch nur die unter genau gleichen Bedingungen durchgeführten Versuche verglichen werden. Nun war die 3-fach Mischung so ausgewählt, daß sie je zu 50 % aus den Zweistoffmischungen Vi - Mi und

Forschungsberichte des Wirtschafts- und Verkehrsministeriums Nordrhein-Westfalen

Tabelle 14

Ausbringen an Koks und Kohlenwertstoffen aus Maceral-Mischungen auf Reinkohle bezogen

a) Gemisch von 61,3 % Vi und 38,7 % Mi

	2 errechnet	3 gef. %	4 abs.Diff. %	Abweichung in % der Werte Spalte 2
Reinkoks	76,06	75,62	- 0,56	- 0,58
Teer	2,97	4,57	1,60	53,87
Benzol	1,57	1,74	0,17	10,80
Bildungswasser	4,82	4,45	- 0,37	- 7,70
Ammoniak	0,22	0,19	-	-
Schwefelwasserstoff	0,20	0,19	- 0,01	- 5,00
SKW	1,48	1,50	0,02	1,35
H_2	1,96	1,70	0,26	- 13,26
CH_4	5,99	5,51	- 0,48	- 8,01
CO	3,53	3,27	- 0,26	- 8,01
CO_2	1,11	1,26	0,15	11,35
	99,91	100,03		
Gas, inertfrei	12,96	11,98	- 0,97	- 7,56
Gasmenge in Nm^3/t	329	300		- 8,81

b) Gemisch von 60,2 % Vi und 39,9 % Ex.

Reinkoks	68,87	67,11	- 1,76	- 2,56
Teer	4,72	8,09	3,37	71,39
Benzol	2,57	2,08	- 0,49	- 19,06
Bildungswasser	4,42	5,31	0,89	20,13
Ammoniak	0,20	0,20	-	-
Schwefelwasserstoff	0,33	0,23	- 0,10	- 30,30
SKW	2,97	3,55	0,58	19,52
H_2	2,07	1,79	- 0,28	- 13,52
CH_4	9,59	8,02	- 1,57	- 16,37
CO	3,17	2,84	- 0,33	- 10,41
CO_2	0,95	1,00	0,05	5,26
	99,86	100,22		
Gas, inertfrei	17,80	16,20	- 1,60	- 8,98
Gasmenge in Nm^3/t	376	353		- 6,12

c) Gemisch von 60,7 % Vi, 19,2 % Mi und 20,1 % Ex

Reinkoks	72,29	71,56	- 0,73	- 1,00
Teer	3,85	6,54	2,69	69,80
Benzol	2,06	1,91	- 0,15	- 7,28
Bildungswasser	4,63	5,13	0,50	10,80
Ammoniak	0,21	0,19	- 0,02	- 9,50
Schwefelwasserstoff	0,21	0,19	- 0,02	- 9,50
SKW	2,27	2,60	0,33	14,54
H_2	2,01	1,82	- 0,19	- 9,45
CH_4	7,79	6,16	- 1,63	- 20,92
CO	3,35	2,68	- 0,67	- 20,00
CO_2	1,03	1,03	-	-
	99,69	99,81		
Gas, inertfrei	15,41	13,26	- 215	- 13,95
Gasmenge in Nm^3/t	353	322		- 8,78

Vi - Ex der Tabelle 14a und b bestand. Der Vergleich der an ihr erhaltenen Werte (Tab. 14c) mit denen, die sich additiv aus den beiden Grundmischungen errechnen, ist in Tabelle 15 durchgeführt.

Tabelle 15

Mittel aus gef. Werten der Mischungen (1:1) 61,3 % Vi, 38,7 % Mi u. 60,2 % Vi, 39,8 % Ex in %		Ausbringen aus 60,7 % Vi, 19,2 % Mi und 20,1 % Ex		
		gef. Wert Mittel in %	Diff. in %	Abweichung in Prozenten der Werte in Sp.2
Reinkoks	71,36	71,56	0,20	0,28
Teer	6,330	6,54	0,21	3,32
Benzol	1,905	1,91	0,05	0,26
Bildungswasser	4,88	5,13	0,25	5,12
Ammoniak	0,21	0,21	-	-
Schwefelwasserstoff	0,21	0,19	-0,02	-9,52
Gas, inertfrei	14,01	13,26	-0,83	-6,26
SKW	2,525	2,60	0,07	2,77
H_2	1,75	1,82	0,07	4,00
CH_4	6,77	6,16	-0,61	-9,00
CO	3,055	2,68	-0,37	-12,29
CO_2	1,14	1,03	-0,11	-9,65
	100,045			
Gasmenge in Nm^3/t	326,5	322		

Aus Tabelle 15 folgt, daß die Additivität nicht in allen Fällen streng gewahrt ist. Abweichungen, die in der Praxis eine Rolle spielen können, sind beim Gasausbringen und beim Bildungswasser zu beobachten. So ist einmal die entbundene Gasmenge um 6 % geringer und bei der Gaszusammensetzung ist ein um ca. 10 % niedrigeres Ausbringen an Methan, Kohlenoxyd und Kohlendioxyd festzustellen.

Für den wirtschaftlich in erster Linie interessierenden Anfall von Koks, Teer und Benzol liegt jedoch praktisch Additivität vor. Die Unterschiede in der Gaszusammensetzung dürften u.a. auf die bei Dreistoffsystemen gegenüber den beiden Zweistoffmischungen verschiedenen Gasverweilzeiten im Zersetzungsraum zurückzuführen sein (vgl. S. 32). Außerdem spielt auch die Blähfähigkeit und die Struktur der entstandenen Kokse eine Rolle, wodurch das Gas mehr oder weniger mit dem Koks in Berührung kommt. Die im folgenden Teil durchgeführten Untersuchungen sollen daher einen Einblick in den Feinbau der erhaltenen Kokse geben.

IV. Eigenschaften der angefallenen Kokse

1. Natur der Tiegel-, Blähgrad- und BAUER-Kokse

Die Rückstände der Tiegelverkokung und vom Swellingtest werden zur Beurteilung des Verkokungsvermögens einer Kohle herangezogen (vgl. S.12). Außerdem ist es möglich, aus der angefallenen Koksmenge das Koksausbringen im Betrieb zu berechnen. Die Tiegelkokse der Gefügebestandteile unterscheiden sich nun in charakteristischer Weise. Photographien der erhaltenen Kokse sind in der Arbeit C. KRÖGER, Fr. KUTHE, H. GONDERMANN, Brennstoffchemie 38 (1957) S. 147 zu finden. Die Vitrinite ergeben immer einen, wenn auch unterschiedlich, geblähten Koks, wogegen der Mikrinitkoks sandig, höchstens schwach gebacken ist. Die Exinitkokse unterliegen der größten Änderung mit der Inkohlung. Bei jungen Kohlen verbleibt nur ein geringer Rückstand im Tiegel, der an den Tiegelwandungen eine dünne Haut bildet. Mit zunehmender Inkohlung des Exinits steigt die Koksmenge und damit auch der geformte Anteil an, so daß bei der jungen Fettkohle Anna ein stark geblähter Kokskuchen entsteht. Der Exinitkoks aus Flöz Wilhelm ist bereits nur noch wenig gebläht, aber gut geflossen.

Diese Unterschiede im Back- und Blähverhalten treten bei der Bestimmung des Swelling-Index noch ausgeprägter in Erscheinung. Die den Koksformen zugehörigen Blähgradwerte gibt Tabelle 16.

Tabelle 16

Blähgradwerte der Gefügebestandteile

Flöz	Vitrinit	Mikrinit	Exinit
R	3,5	0,5	über 9
Zollverein	6,5	1	" 9
Anna	8,5	1,5	" 9 (bzw.2)
Wilhelm	9	1	8

Die Vitrinite zeigen eine ziemlich gleichmäßige Steigerung des Blähgrades von Flöz R bis Flöz Wilhelm. Im gleichen Sinne steigt auch die Koksqualität, d.h. bei Flöz R ist der Koksrückstand nur wenig geschmolzen und zerfällt leicht, während Vitrinit Zollverein schon ein besseres Schmelzverhalten und eine größere Koksfestigkeit zeigt, die bei den folgenden Flözen noch zunehmen. Die Mikrinitkokse entsprechen denen der Tiegelverkokung, während bei den Exiniten bei den jüngeren Kohlen R und Zollverein, das aus papierdünnen, festen mattglänzenden Blättchen bestehende, von großen Hohlräumen durchsetzte Gerüst besser zu erkennen ist. Dieses Gerüst ist bei Flöz Anna sehr labil und sinkt leicht in sich zusammen, so daß es dann einen dichteren Kokskuchen vortäuscht. Der Exinitkokskuchen Flöz Wilhelm gleicht dem des Vitrinits Wilhelm. Allerdings ist der Blähgrad (Tab. 16) eine Einheit niedriger. Aus Tabelle 16 folgt weiter, daß die normale Blähgradskala zur Charakterisierung des überaus starken Blähvermögen der jüngeren Exinite unzureichend ist.

Die an den reinen Gefügebestandteilen erhaltenen Ergebnisse stützen somit die bislang für die Tiegel-Koksbildung von Mattkohlen gegebene Deutung, wonach Mikrinit als inertes Material anzusehen ist, während der Exinit die schaumige Ausbildung des Kokses bewirkt.

Photographien der erhaltenen BAUERkokse finden sich in der Arbeit C. KRÖGER, Fr. KUTHE, Brennstoffchemie 38 (1957) S. 206/7.

Während die BAUERkokse aus Vitrinit und Mikrinit, denen der Tiegelverkokungen entsprechen, sind die Exinitkokse in allen Fällen im Gegensatz zu den Tiegelkoksen nicht gebläht, sondern sehr gut geflossen. Sie bestehen aus dickwandigen Zellen mit kleinen Poren. Mit zunehmender Inkohlung nähert sich die Exinitkoksform derjenigen aus Vitrinit. Ferner kann aus der Form der Exinitkokse der BAUERverkokung im Vergleich zu der der Tiegelkokse geschlossen werden, daß das Spalten der dampfförmigen Verkokungs-Primär-Produkte (vgl. S. 32) auf Koksrückstand bereits im plastischen Bereich des Exinits einsetzt.

2. Wichten und Restgehalt an Flüchtigen der BAUERkokse

Die Wichten ρ_u wurden in üblicher Weise nach der Pyknometermethode bestimmt. Verdrängungsflüssigkeit Methanol.

Die Flüchtigenwerte wurden durch Erhitzen der Kokse in einem sauerstofffreien Argonstrom auf 1100 °C bestimmt. Wichte und Flüchtigen Werte sind in der Tabelle 17 zusammengestellt:

Tabelle 17

Wichten und Gehalt an Flüchtigen der BAUERkokse

	Vitrinit		Mikinit		Exinit		Mischkokse		
	Wichte	% Fl.	Wichte	%Fl.	Wichte	% Fl.		Wichte	% Fl.
R	1,69	6,65	1,88	7,65	1,94	6,3	60V 40M	1,73	6,8
Zollverein	1,85	5,9	1,82	5,4	1,99	4,5	60V 40Ex	1,77	4,7
Anna	1,81	3,4	1,71	7,4	1,84	2,6	60/20/20	1,71	6,3
Wilh.	1,76	4,25	1,74	8,42	1,80	6,0			

Die Wichten durchlaufen in Abhängigkeit vom Flüchtigengehalt der Ausgangskohlen beim Vitrinitkoks ein Maximum, während sie beim Mikrinit- und Exinitkoks mit dem Alter der Kohle etwas abfallen.

Der verbliebene Flüchtigengehalt ist erheblich, am größten ($> 8 \%$), bei den Mikrinitkoksen und steht in keinem engen Zusammenhang mit den Flüchtigen der Ausgangskohle und den Wichten der Kokse.

3. Sorptionsvermögen für Wasserdampf

Der Zweck dieser Untersuchungen lag in der Bestimmung des Porenvolumens und der ungefähren Porenradienverteilung im submikroskopischen Koksgefüge. Praktischen Wert haben diese Untersuchungen für die Führung der Kokstrocknung und zur Beurteilung der mit der Struktur der Kokse zusammenhängenden Eigenschaften wie Reaktivität usw.

Durch die hohe Porosität ist die verhältnismäßig starke Fähigkeit der Schwelkokse zu erklären, Gase und Dämpfe in den Mikroporen und Flüssigkeiten in den Makroporen aufzunehmen. Schwelkoks kann an Luft 5 - 10 % Wasserdampf aufnehmen, in Berührung mit flüssigem Wasser jedoch bis zu 30 %. Die Verhältnisse dürften beim Hochtemperaturkoks ähnlich liegen, natürlich bei entsprechend niedrigen Werten.

Die Messung erstreckte sich auf die Aufnahme von Druckisothermen, d.h. der Kurven der Feuchtigkeitsaufnahme in Abhängigkeit vom vorgelegten Wasserdampfdruck bei konstanter Temperatur. Als Ausgangsmaterial dienten sämtliche in der BAUERverkokungsapparatur erhaltenen Kokse der Gefügebestandteile Flöz R bis Flöz Wilhelm und ihrer Mischungen.

Die praktische Durchführung der Messungen erforderte wegen der geringen zur Verfügung stehenden Materialmengen und der relativ geringen Feuchtigkeitsaufnahme äußerste Genauigkeit beim Wägen und genau gleiche äußere Bedingungen beim Ein- und Auswägen, die an Hand von Vorversuchen ermittelt wurden. Für die Erzielung vergleichbarer Meßergebnisse war es ferner notwendig, die Kokse in möglichst gleichmäßiger Teilchengröße bzw. Teilchengrößenverteilung einzusetzen. Dazu wurden die angefallenen Kokse gepulvert und durch ein 60 μ - Sieb gegeben, wobei darauf geachtet wurde, daß die verschiedenen Kokssorten zum Schluß auch unter dem Mikroskop etwa die gleiche Teilchengrößenverteilung mit einem durchschnittlichen Teilchendurchmesser von 10 μ aufwiesen. Trotzdem dürften kleine relative Unterschiede bei den einzelnen Kokssorten vorhanden sein, deren Grund durch die etwas unterschiedliche Sprödigkeit gegeben ist. Diese Unterschiede dürften aber gering und für die vergleichende Bewertung ohne Belang sein.

An die Zerkleinerung der Kokse schließt sich eine 12-stündige Trocknung (Trockenschrank) bei 180° C und darauf das sofortige Einsetzen in mit Schwefelsäure unterschiedlicher Konzentration beschickten Exsikkatoren. Der Wasserdampfpartialdruck in diesen Exsikkatoren war auf Werte von 3 bis 17 Torr bei 20° C eingestellt. Die Proben wurden jeweils 10 Tage dem Wasserdampf ausgesetzt. Es zeigte sich, daß bei der angewandten Arbeitsweise auch mit geringen Einwaagen von $\sim$ 150 mg noch zuverlässige Werte erhalten werden konnten. Eine Ausnahme machen die Werte, die bei 100 % relativer Luftfeuchtigkeit erhalten wurden. Hier treten starke Oberflächenkondensationen störend in Erscheinung. Diese wurden durch durchschnittliche Temperaturschwankungen von ± 0,5° C bedingt, die sich trotz automatischer Temperaturregelung in dem Raum, in dem die Exsikkatoren standen, nicht vermeiden ließen.

Die Geschwindigkeit der Wasseraufnahme in Kapillaren folgt dem Hagen-Poiseuilleschen Gesetz.

Danach beträgt das Flüssigkeitsvolumen q (in ccm), das in t sec durch eine kanalartige Kapillare vom Querschnitt r^2 (qcm) und der Länge d (cm) unter der Druckdifferenz $(p_e - p_a)$ (dyn/qcm) hindurchströmt:

$$q = \frac{r^4 \pi (p_e - p_a) t}{8 \eta d}$$

p_e = Eintrittsdruck in dyn/qcm
p_a = Austrittsdruck in dyn/qcm
η = Viskositätskoeffizient

Je größer der Kapillardurchmesser und je kleiner die Druckdiffernz zwischen dem Gas im Porensystem und dem äußeren Gasdruck ist, um so langsamer füllen sich die Kapillaren. Im allgemeinen werden Gase mit kleinem Molekulargewicht schlechter aufgenommen als Gase mit hohem Molgewicht. Dieser Tatsache wird eine von Drehkopf und Steiner angegebene Methode gerecht, poröses Material schnell (in ca. 4 h) auf einen bestimmten, gewünschten Feuchtigkeitsgehalt zu bringen.

Bei dieser Methode werden die Substanzen zunächst im Vakuum entlüftet und erst dann der wasserdampfhaltigen Luft ausgesetzt. Entsprechend wurde mit den Koksen der einzelnen Gefügebestandteile verfahren. Die ermittelten Wasseraufnahmen, ausgedrückt in g Wasser auf 100 g Trockensubstanz, sind den Abbildungen 11 und 12 zu entnehmen. Man erkennt auf den ersten Blick, daß eine weitgehende Differenzierung im Porensystem der einzelnen Kokse vorliegen muß.

Unter der Annahme, daß die Kohle als gleichmäßiges Haufwerk von Kugeln mit durchschnittlich 10 μ Durchmesser vorliegt, ergibt die folgende Rechnung eindeutig, daß nicht nur eine Oberflächenbeladung mit einer monomolekularen Wasserschicht erfolgt, sondern darüber hinaus eine Füllung der Kapillaren mit Wasser stattfindet.

Wird mit
E = die Einwaage an trockner Kohle
W = die Wichte des Materials
O = die Kugeloberfläche ($4 r^2 \pi$)
V = das Kugelvolumen ($4/3 r^3 \pi$)
N_L = die Loschmidtsche Zahl $6{,}02 \times 10^{23}$
d = der Durchmesser des Wassermoleküls als Kugel gedacht (4 Å oder Kx)
bezeichnet, so ergibt sich für den Exinitkoks von Flöz R

W zu 1,201 g/ccm
E zu 0,177 g

und somit das Gesamtvolumen an festem Material zu

ca. 0,147 ml.

Dies entspricht bei einem Kugelvolumen von $521 \cdot 10^{-12}$ cm^3 einer Anzahl von

$$0,147 \cdot 5,21 \cdot 10^{10} = 0,767 \cdot 10^{10} \text{ Kugeln}$$

mit einer Oberfläche von

$$0,767 \cdot 10^{10} \cdot 314 \cdot 10^{-8} \text{ cm}^2 = 241 \cdot 10^{18} \text{ Å}^2 \text{ (Kx)}^2$$

Bei einem Platzbedarf von 16 kx^2 für ein Wassermolekül können somit $15,1 \cdot 10^{18}$ Wassermoleküle mit einem Gewicht von

$$18 \cdot \frac{15,1 \cdot 10^{18}}{6,02 \cdot 10^{23}} \text{ g}$$

in monomolekularer Schicht adsorbiert werden. Dies entspricht einer Wasseraufnahme von 0,425 mg, während bei 80 % relativer Luftfeuchtigkeit aber 2,59 mg, also rund die 5,72fache Menge Wasser aufgenommen wurde. Damit ist erwiesen, daß auch der wenig Wasser aufnehmende Exinitkoks noch ein Mikroporensystem besitzt.

Die Radiengröße dieses Mikroporensystems, welches hauptsächlich für die Wasserabsorption verantwortlich ist, läßt sich nun an Hand der Thomsonschen Formel, die eine quantitative Beziehung zwischen dem Dampfdruck und den Kapillarabmessungen wiedergibt, errechnen.

Nach Thomson gilt:

$$r = \frac{2 \delta M}{\gamma RT \ln \frac{100}{\varphi}} \text{ (cm)}$$

Hierin bedeuten:

r den Radius der Kapillaren in cm
δ die Oberflächenspannung der verdampfenden Flüssigkeit in dyn/cm
   (für Wasser bei 20° C = 72,583 dyn/cm
M das Molekulargewicht der Flüssigkeit in g (hier aq = 18,02)
γ das spezifische Gewicht der Flüssigkeit in der Kapillare in g/cm^3.

R die allgemeine Gaskonstante in erg/° und Mol = $8,313 \cdot 10^7$.

T die absolute Temperatur in °K

φ den relativen Dampfdruck in v.H, des Sättigungsdruckes bei T°.

Aus der Anwendung dieser Formel auf die Versuchsergebnisse geht hervor, daß der Dampfdruck, bei dem die Versuche durchgeführt wurden, nicht ausreicht, um die leeren Räume zwischen den Teilchen, die einen Durchmesser von $\sim 10\,\mu$ = 10000 Å haben, mit Wasser ausfüllen. Da aber bei allen Versuchen mehr Wasser aufgenommen wurde als der Oberflächenadsorption entspricht, liegt somit eine Kapillarkondensation im Mikrogefüge vor. Beim Exinit von Flöz Zollverein, der die wenigste Feuchtigkeit aufnahm (vgl. Abb.11c), wurde die 2,21-fache Menge des oberflächlich aufgenommenen Wassers adsorbiert, beim Vitrinitkoks von Flöz R (Abb. 11a), der die größte Feuchtigkeitsaufnahme zeigte, stieg dieser Wert auf das 29,2-fache der Feuchtigkeitsmenge bei monomolekularer Belegung.

Der Thomsonschen Formel liegt ein zylindrischer Porenraum zugrunde. Ein solcher liegt in den Koksen natürlich nur angenähert vor. Die Anwendbarkeit der Formel ist außerdem auf Porengrößen beschränkt, die noch groß gegenüber den Durchmessern der adsorbierten Flüssigkeitsmoleküle sind und ferner auf den Fall, daß der Randwinkel Null ist. Letztere Bedingung kann bei Wasserabgabe als erfüllt gelten, weniger bei Wasseraufnahme. Die Kurve der Wasserabgabe liegt bei gleichem Dampfdruck stets unter der der Wasseraufnahme. Es liegt somit eine Hysteresisschleife vor. Nach Kubelka ist daher obige Formel noch durch ein den Randwinkel betreffendes Glied (cos φ) zu ergänzen. Dieses Glied wurde aber bei den durchgeführten Versuchen infolge Fehlens genügender Erfahrungswerte nicht berücksichtigt.

In Abbildung 11a bis c sind die bei den jeweiligen Wasserdampfpartialdrucken (% relativer Feuchtigkeit) von den Koksen der Gefügebestandteile des Flözes R bis Wilhelm absorbierten Wassermengen eingetragen, desgleichen die für eine bestimmte relative Feuchtigkeit geltenden Porengrößen, die im Bereich von 5 bis 130 Å liegen. Die vorliegenden Kurven geben somit ein Bild über die von den Poren unterschiedlicher Größe aufgenommenen Wassermengen.

In Abbildung 12a bis c sind jeweils die erhaltenen Wasseraufnahmekurven für die Kokse der Macerale ein und desselben Flözes zusammengefaßt.

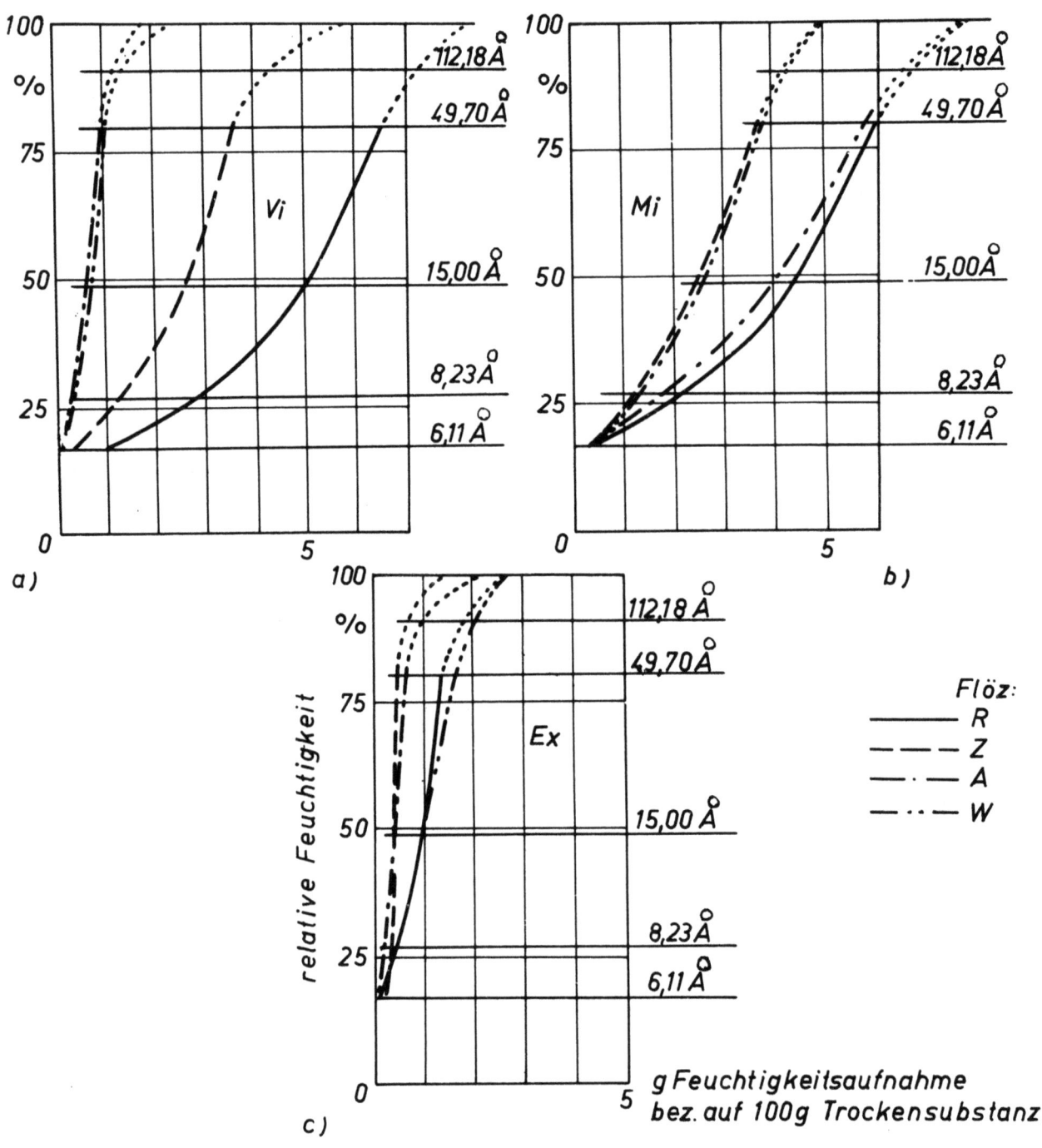

Abbildung 11

Wasseraufnahme der BAUERkokse reiner Macerale

——— R --- Z   —·— A —··— W

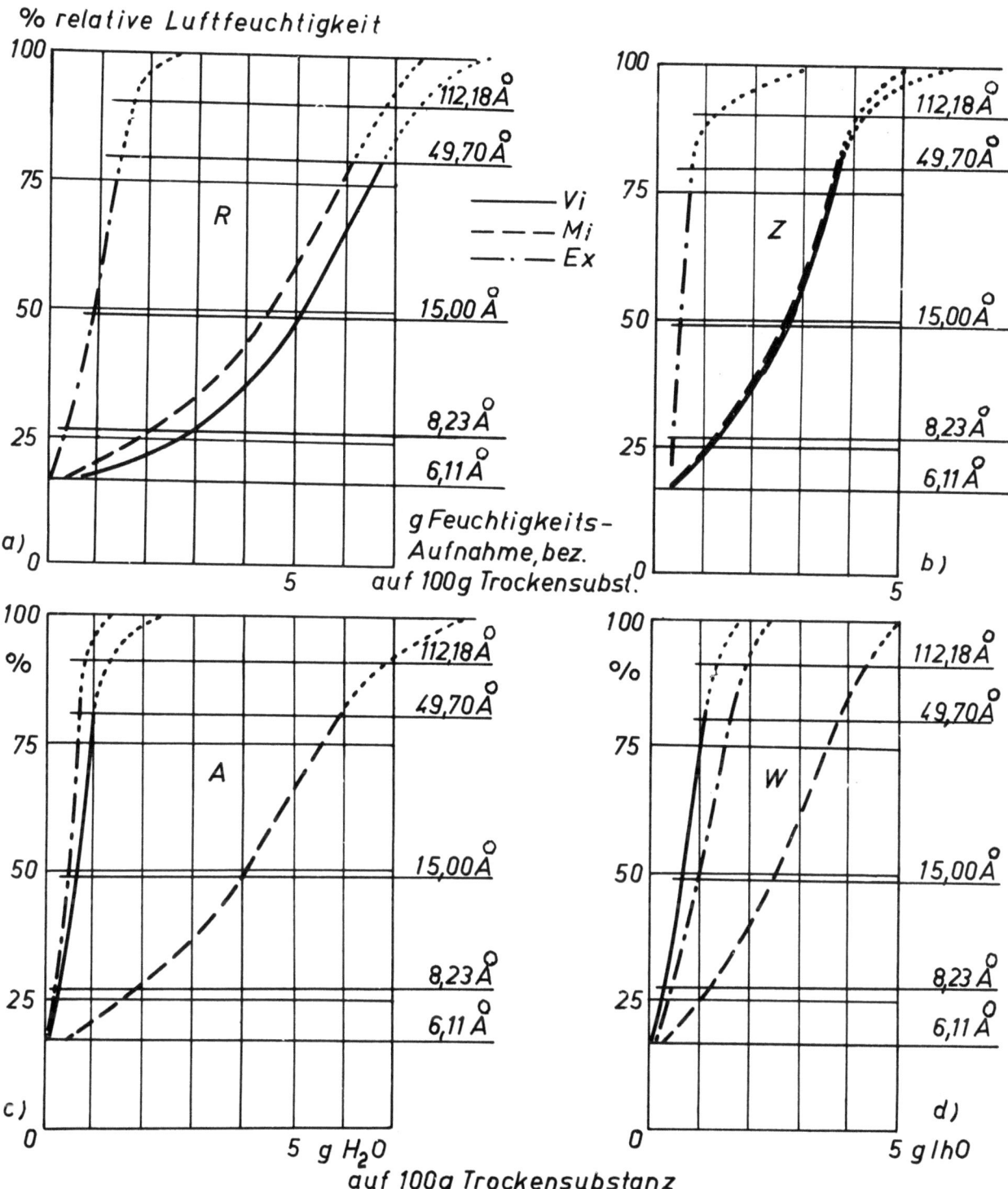

Abbildung 12

Wasseraufnahme der Maceralkokse Flöz R, Zollverein, Anna und Wilhelm

——— Vi – – – Mi —·— Ex

Allgemein gilt:

1. Das Porenvolumen fällt vom Vitrinit über Mikrinit zum Exinit. Die starke Wasserabsorption beim Vitrinit und Mikrinit entfällt hauptsächlich auf den Bereich der kleinen Poren bis 15 Å.

2. Die Porosität des Vitrinitkokses nimmt mit steigender Inkohlung stark ab (Abb. 11a), bei Flöz Wilhelm sogar weit, daß der Vitrinit eine geringere Porosität als der Exinitkoks zeigt (Abb. 12d).

3. Die Porigkeit bei sämtlichen Exinitkoksen ist gering (Abb. 11c). Die Änderungen mit der Inkohlung der Ausgangskohlen ist am stärksten bei den Vitriniten. Bei den Exiniten und Mikriniten liegen etwa gleiche Verhältnisse vor, nur daß das Porenvolumen der Mikrinite das 4 bis 6-fache von den der Exinite ausmacht.

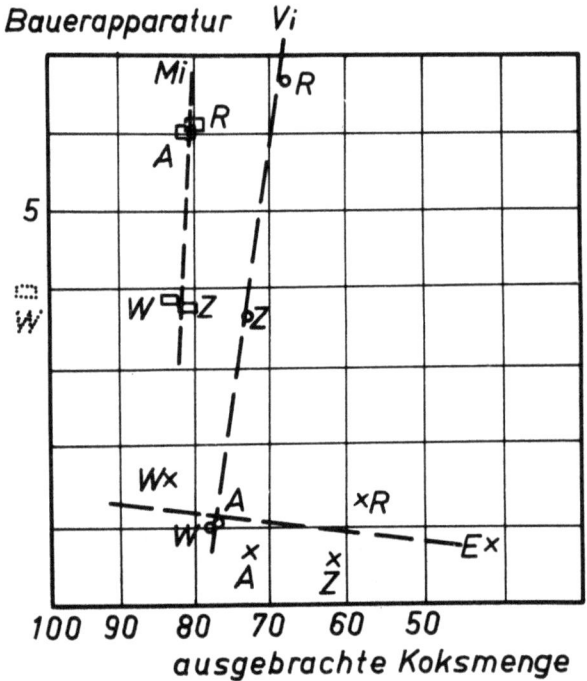

A b b i l d u n g 13

Abhängigkeit der Wasseraufnahme der BAUERkokse
von der ausgebrachten Koksmenge

O = Vi   ▫ = Mi   x = Ex

Da der Gehalt an Flüchtigen der Ausgangskohle mit von Einfluß auf die Porenbildung sein muß, wurde in Abbildung 13 noch die Feuchtigkeitsaufnahme in Abhängigkeit von der ausgebrachten Koksmenge aufgetragen. In dieser Darstellung liegen die für die verschiedenen Gefügebestandteile geltenden Werte auf Geraden, deren Neigung eine Aussage darüber ermöglicht ob Entgasung und der für die Porenbildung günstigste Plastizitätsgrad ungefähr zusammenfallen oder nicht. Beim Vitrinit (Mikrinit) liegt eine sehr starke Abhängigkeit der Wasseraufnahme und damit der Porenausbilddung vom Koksausbringen vor, beim Exinit dagegen nicht. Exinit W und Vitrinit W verhalten sich gleich.

Vorstehende Untersuchungen haben gezeigt, daß die ursprüngliche petrographische Zusammensetzung der Kohlen von großem Einfluß auf das Porengefüge der Kokse ist. Es darf jedoch nicht erwartet werden, daß der Porositätsgrad einer verkokten Mischung aus den Gefügebestandteilen dem Prozentgehalt der Mischung an den Reinkomponenten entspricht. In den Mischungen wird vielmehr eine gegenseitige Beeinflussung eintreten, wodurch höhere oder niedere Porositäten als diejenigen, die sich additiv aus den Einzelheiten ergeben, anfallen werden.

Die an den Koksen der Maceralmischungen erhaltenen Feuchtigkeitsaufnahmen sind in Abbildung 14 wiedergegeben. Die ausgezogenen Kurven geben die gefundenen Werte, während die gestrichelten Kurven den bei Vorliegen einer Additivität sich ergebenden Werten entsprechen.

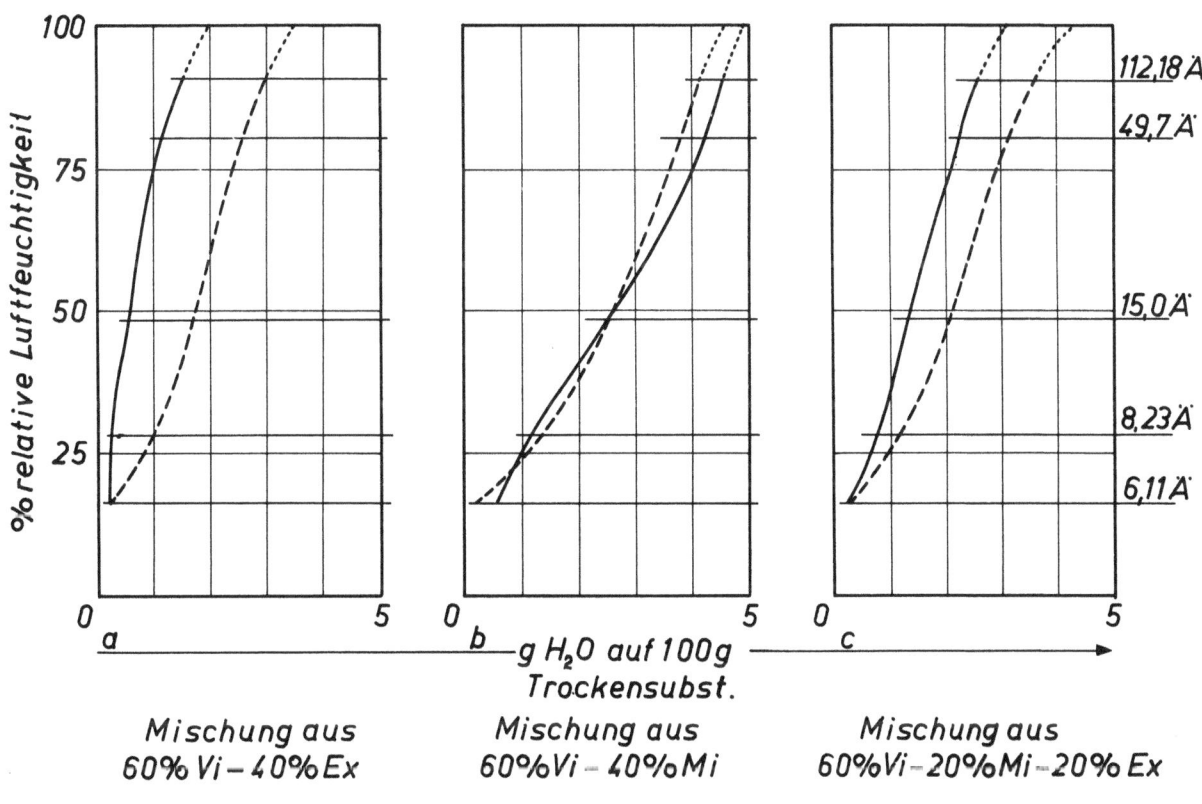

Abbildung 14

Wasseraufnahme der BAUERkokse aus den Maceralmischungen Flöz Zollverein
a) 60 % Vi, 40 Ex, b) 60 % Vi, 40 Mi, c) 60 % Vi, 20 Ex, 20 Mi

Man ersieht, daß der Mischkoks aus 60 % Vitrinit, 40 % Mikrinit ein Wasseraufnahmevermögen zeigt, daß sich praktisch aus der Wasseraufnahme der Kokse aus den Reinmaceralen errechnen läßt. Es liegt somit auch bezüglich der Koksstruktur ein wahrer Mischkoks vor. Anders liegen die Verhältnisse bei der Vitrinit-Exinit-Mischung. Die Wasseraufnahme dieses Kokses ist erheblich geringer als sich additiv errechnet. Daß dürfte dadurch bedingt sein, daß die gröbere Porenstruktur des Vitrinitkokses durch die Crakung der Primärprodukte des Exinits stark verfeinert wird, d.h. die ursprünglichen Poren werden durch den durch die Crackung sich bildenden "Teerkoks" zugesetzt. Bei der 3-komponentigen Mischung (Abb. 13c) ist dieser Effekt nicht so stark. Infolgedessen tritt wieder eine Annäherung der gefundenen Werte an die additiven ein.

4. Elektrisches Leitvermögen

Die Bestimmung des spezifischen elektrischen Leitvermögens erfolgte an den gepulverten BAUERkoksen, Korngröße < 60 μ in einer Spindelpresse. Das Schema der Versuchsapparatur gibt Abbildung 15a und b.

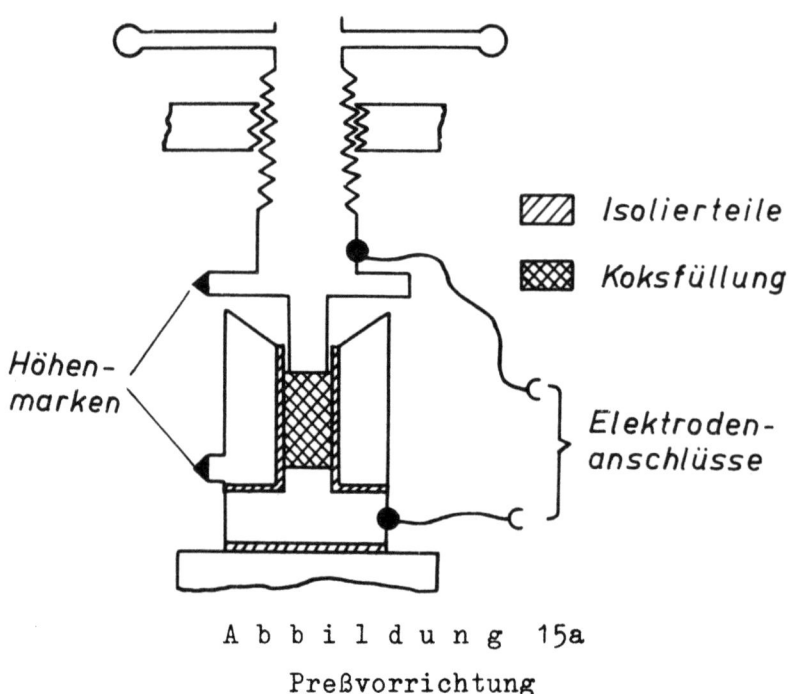

A b b i l d u n g   15a
Preßvorrichtung

Der Durchmesser des vergüteten Stahlstempels betrug 8 mm, so daß sich ein Querschnitt der Meßzelle von 0,5 cm^2 ergab. Die Matritze erhielt eine isolierende Auskleidung, die aus einer Röhre aus "Novotex" mit

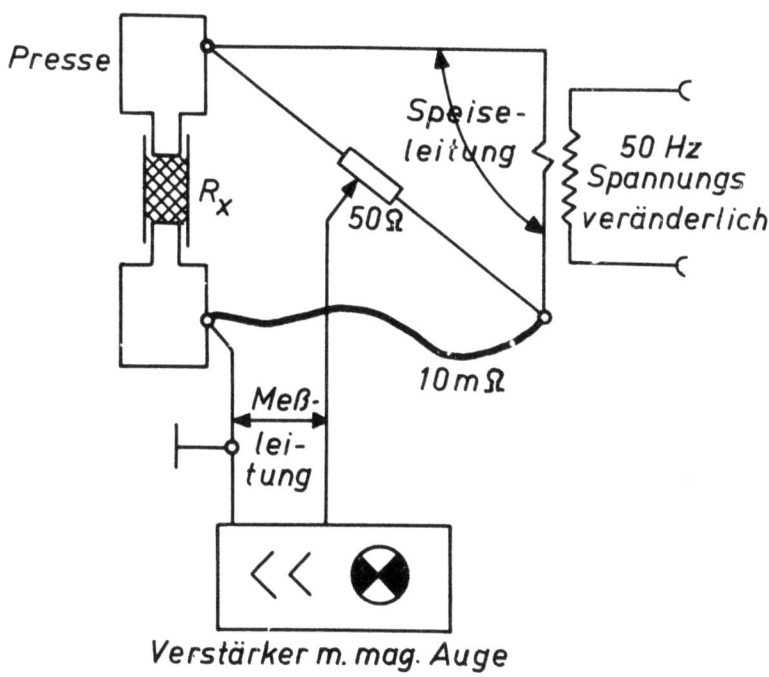

Abbildung 15b
Meßbrücke

einer Wandstärke von 1,5 mm bestand. Sowohl der Stempel als auch der Fuß der Presse waren mit einer Marke versehen, so daß Füllhöhe und Preßgrad (durch Volumenverminderung) gemessen werden konnten. Um während der Endphase d.h., unter Preßdruck die Volumenbestimmung exakt durchführen zu können, wurde eine Eichung mit einem 7 mm hohen Stahlzylinder als Probekörper durchgeführt. Der mit dieser Füllung gemessene Abstand der beiden Marken (= Schichthöhe von 7 mm unter Preßdruck) diente somit als Meßbasis. Die Widerstände wurden mit einer Philips-Meßbrücke, dem "Philoskop" gemessen.

Die erste Messung erfolgte, nach dem das Material auf 1/3 seines Schüttvolumens zusammengepreßt war.

Die eingesetzten Koksmengen standen in Verhältnis ihrer Methanolwichten und wurden so gewählt, daß bei den höchsten mit der Spindelpresse erreichbaren Preßgeraden ein Endvolumen von $\sim 0,5$ cm^3 erreicht wurde.

Die Abbildung 16a gibt die beim Zusammenpressen gemessenen spezifischen Widerstandswerte $\varkappa$ [mΩ. cm] in Abhängigkeit von dem jeweils erreichten Preßvolumen für die Gefügekokse Flöz Anna, Abbildung 16b für die Mischkokse Flöz Zollverein.

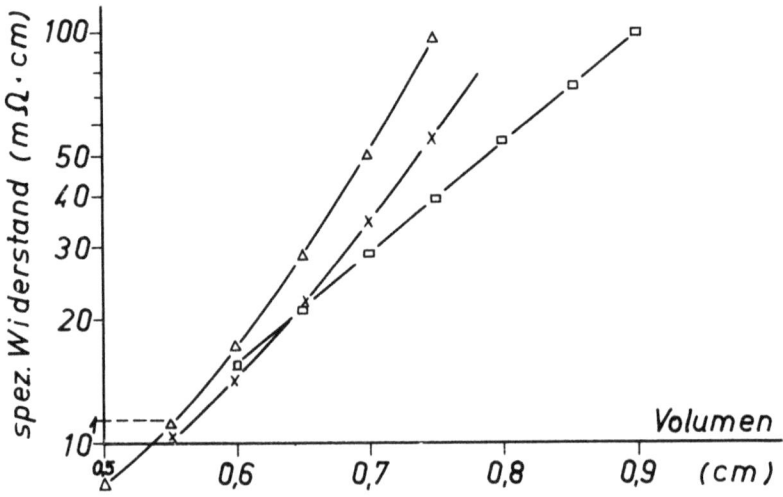

Abbildung 16a

Abhängigkeit des spez. Widerstandes γ_w vom erreichten Preßvolumen für die Maceralkokse Flöz Anna

O Vitrinitkoks, □ Mikrinitkoks, △ Exinitkoks

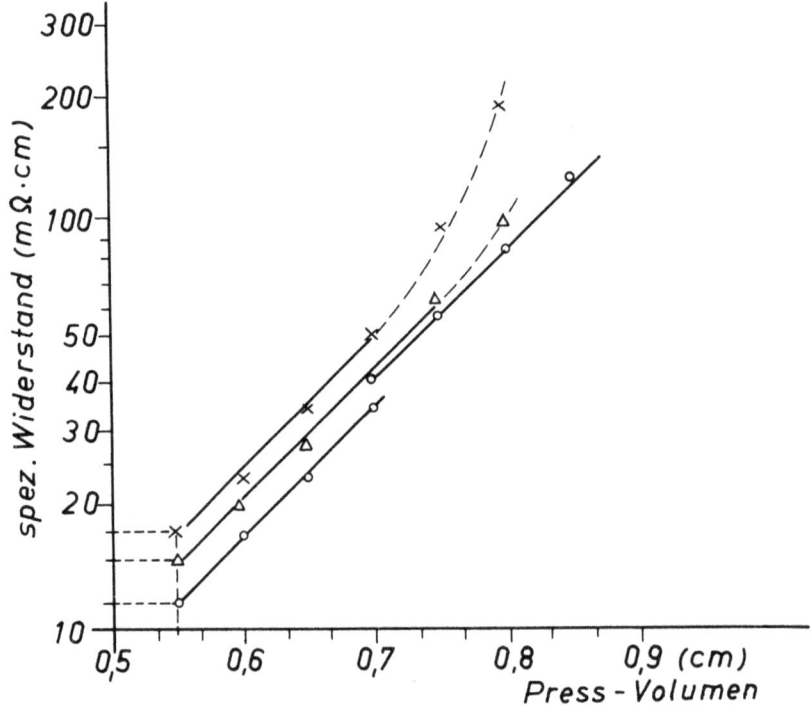

Abbildung 16b

Abhängigkeit des spez. Widerstandes vom erreichten Preßvolumen für die Maceral-Mischkokse Flöz Zollverein

x 60 % Vitrinit + 40 % Mikrinit   O 60 % Vitrinit + 40 % Exinit
△ 60 % Vi, 20 % Mi, 20 % Ex

Man ersieht, daß bei Auftragung von log $\varkappa$ gegen spez. Volumen sich schwach gekrümmten Geraden, ergeben, Die Steigung der Geraden im Bereich hoher Preßgerade ist für die einzelnen Gefügebestandteile kennzeichnend. Sie ist bei den Vitrinit- und Mikrinitkoksen unabhängig vom Inkohlungsgrad der Ausgangskohlen und liegt bei $\sim$ 366 bzw. 266. Der Steigungswert bei den Exinitkoksen fällt mit steigender Inkohlung von 460 auf 280 (s. Tab. 18).

T a b e l l e 18

Steigungswerte $\frac{\Delta \lg \varrho}{\Delta V}$

Koks	Vitrinit	Mikrinit	Exinit	Mischkokse
R	368	267	460	60V 40M : 311
Zollverein	335	292	300	60V 40Ex : 299
Anna	375	265	315	60/20/20 : 316
Wilhelm	388	242	282	

Den beim maximal erreichbaren Preßgrad sich einstellende Endwert des spez. Widerstandes gibt Tabelle 19.

Dieser ist (vgl. Abb. 17) in erster Linie von dem in den Koksen verbliebenen Flüchtigenanteil (s.S. 41) abhängig, und zwar besteht in etwa eine parabelförmige Beziehung. Im allgemeinen liegen die Werte für die Vitrinitkokse um 2 bis 3 Einheiten [mΩ. cm] höher als die der Exinit- und Mikrinitkokse. Die für die Mischkokse 60 % Vitrinit und 40 % Mikrinit, 60 % Vitrinit und 40 % Exinit, 60 % Vitrinit und 20 % Mikrinit und 20 % Exinit des Flözes Zollverein gefundenen Werte der Endleitfähigkeit fügen sich gut in dieses Diagramm ein. Sie liegen in unmittelbarer Nähe der Vitrinitkurve.

Auch mit den absorbierten Feuchtigkeitsmengen, d.h. mit dem Mikroporenanteil (vgl. S. 42 fg.) lassen sich diese Endleitwerte in Beziehung setzen. In Abbildung 18 sind letztere Werte in Abhängigkeit von den bei 50 % relativer Luftfeuchtigkeit aufgenommenen Wassermengen dargestellt. Letztere Werte entsprechen ja dem Anteil an Poren bis zu 15 Å Durchmesser.

Man ersieht, daß die Werte sich zu 2 Geraden a und b mit spezifischer Steigung ordnen. Die Gerade a ist den Vitrinit- und Mikrinitkoksen zu-

Tabelle 19

Spezifischer Endwiderstand und Endvolumen

Flöz	Gefügebestandteile	spez. Endwiderstand m Ω . cm	Endvolumen +)
R	Vitrinit	17,0	114
	Mikrinit	16,7	120
	Exinit	14,3	90
Z'	Vitrinit	14,0	110
	Mikrinit	13,0	120
	Exinit	8,5	106
A	Vitrinit	10,7	110
	Mikrinit	15,5	120
	Exinit	8,0	100
W	Vitrinit	10,8	110
	Mikrinit	22,0	115
	Exinit	13,0	110
Z	60 V, 40 M	17,0	110
	60 V, 40 E	11,5	110
	60 V, 20 M, 20 E	15,1	110

+) Endvolumen in % des auf Grund der wahren Dichte geringstmöglichen Volumens der Einwaage ohne Berücksichtigung der Kompressibilität

gehörig, die Gerade b den Exinitkoksen. Auch die Werte für die Mischkokse fallen auf diese Gerade. Seltsamerweise ebenfalls der Wert für den ältesten Mikrinit. Daraus geht hervor:

1. Ein höherer spezifischer Endwiderstand entspricht einem größeren Mikroporenanteil.

2. Der spezifische Widerstand wächst im Verhältnis zum Porenvolumen bei den Vitrinit- und Mikrinitkoksen viel weniger stark als bei den Exinit- und Mischkoksen.

Die Porenradienverteilung beeinflußt dagegen den spez. Widerstand nicht.

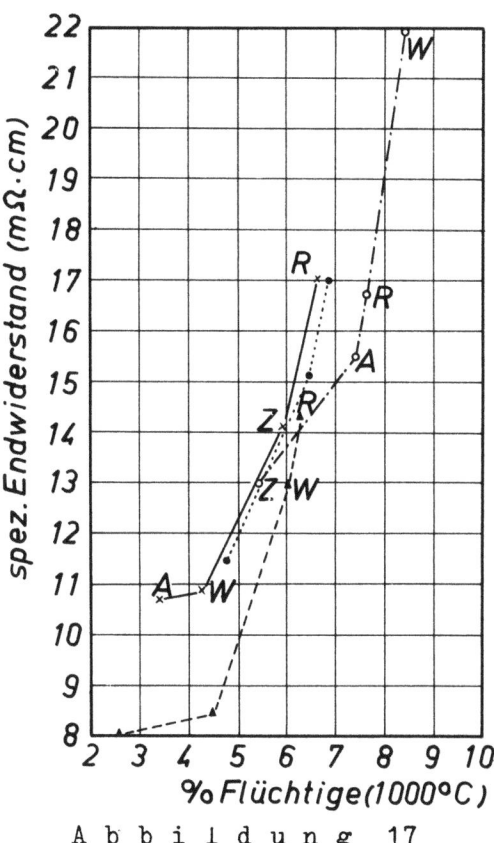

Abbildung 17

Abhängigkeit des Endwertes des spez. Widerstandes vom
Flüchtigengehalt (1100° C) der Kokse

×——— Vitrinitkoks   ο—·—Mikrinitkoks   ▲----Exinitkoks   •······Mischkoks

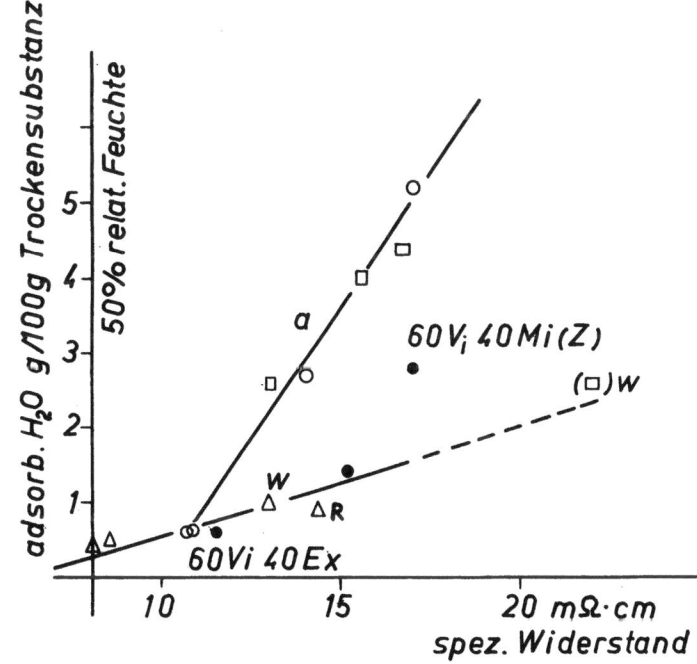

Abbildung 18

Beziehung zwischen adsorbierter Wassermenge und spez. Endwiderstand d.Kokse
O Vitrinite   □ Mikrinite   △ Exinite   • Mischkoks

Letztere Feststellungen ergeben sich auf Grund folgender Überlegungen. Da die Leitfähigkeitsmessungen mit einem niederfrequenten Wechselstrom von 50 Hz durchgeführt wurden, kann die Porenradienverteilung (bei vielen kleinen Kapillaren mehr Oberfläche, bei großen weniger) keine Rolle spielen, da hierbei noch kein Skineffekt auftritt. Wird höherfrequenter Wechselstrom zur Messung benutzt, so muß theoretisch eine Änderung des spez. Widerstandes mit der Porenradienverteilung auftreten. In unserem Fall drückt die verschiedene Neigung der Geraden der Leitfähigkeits-Porositätskurve also tatsächlich auch eine verschiedene Leitfähigkeit der reinen Materialien aus.

V. Bedeutung der Untersuchungen für den Verkokungsprozeß

Faßt man die Ergebnisse vorstehender Untersuchungen noch einmal zusammen, so gelangt man in Bezug auf das Kokungsvermögen der Gefügebestandteile zu folgenden Schlüssen: Der Mikrinit erweist sich als ein in jeder Hinsicht inerter Stoff, ohne Erweichungsvermögen. Der Vitrinit zeigt, das von den Modellvitriten und den Normalkohlen bekannte Verhalten mit dem Optimum des Kokungsvermögens im Bereich der Fettkohlen. Die Exinite der Gasflamm- und Gaskohlen erweichen fluidoplastisch und besitzen überschüssiges Kokungsvermögen. Im Bereich der Fettkohlen nähern sie sich in ihrem Verhalten dem der Vitrinite.

Bezüglich des Ausbringens an Kohlenwertstoffen bei der Verkokung konnte die Grundtatsache aufgefunden werden, daß die Mengen an Teer, Benzol, Gesamtgas, Schweren Kohlenwasserstoffen, Methan, Ammoniak und Schwefelwasserstoff nur von der Elementarzusammensetzung und den Verkokungsbedingungen abhängig sind. Die chemische Struktur der Kohlen in petrographischer Hinsicht ist demnach hierfür ohne Belang. Es konnten daher Formeln angegeben werden, die das Ausbringen an diesen Stoffen mit den Elementaranalysenwerten verknüpfen. Darüber hinaus gilt noch für die Wasserstoffentwicklung, daß diese in jedem Fall bei konstanten Verkokungsbedingungen, gleichviel welcher Gefügebestandteile und welche Inkohlungsstufe vorliegen, ~ 2 Gew.% der Kohle ausmacht. Die Verkokungsprodukte, die im wesentlichen Sauerstoff enthalten, (H_2O, CO_2, CO) stehen in nicht ganz eindeutiger Beziehung zum Sauerstoffgehalt der Kohlen. Hier liegen somit gewisse Einflüsse unterschiedlicher Kohlestruktur vor.

Für die Verkokung der Maceralmischungen konnte gezeigt werden, daß das Ausbringen an Kohlewertstoffen (Teer, Benzol) wie auch an Koks im großen und ganzem dem Additivitätsgesetz gehorcht. Entsprechend war es bislang von Kohlenmischungen bekannt. Allerdings konnte gezeigt werden, daß eine strenge Additivität nicht in allen Punkten gilt. Vor allem gilt dies für das Gasausbringen und die anfallenden Wassermengen nicht, bei denen Abweichungen bis zu 20 % auftreten. Auch beim Ausbringen an Methan, Kohlenoxyd und Kohlendioxyd ergeben sich merkliche Differenzen zu den additiven Werten.

Für das Koksausbringen konnte gezeigt werden, daß dies eine Funktion des Aromatisierungsgrades der Gefügebestandteile, der sich gut durch die Tiegelkoksausbeuten charakterisieren läßt, und der Zersetzungsbedingungen in der Crackzone ist.

Für die Eigenschaften der angefallenen Kokse konnte die nächste Grundtatsache festgelegt werden, daß diese weitgehend von der chemischen Struktur und damit von der petrographischen Zusammensetzung der Ausgangskohlen abhängig sind. Der Mikrinit erweist sich als weitgehend inertes Material, der die Vitrinitkoksstrukturen und Eigenschaften in etwa nach Maßgabe seiner vorhandenen Menge beeinflußt. Demgegenüber ist jedoch das Verhalten der Exinite mit der Inkohlung sehr variabel. Er bewirkt in mit fallender Inkohlung steigendem Maße eine schaumige Struktur der Kokse. Ferner konnte gezeigt werden, daß das in Praxi so wichtige Wassersorptionsvermögen der Kokse eng mit ihrem Mikroporensystem zusammenhängt. Im Mikroporensystem der Maceralkokse zeigt sich mit steigendem Inkohlungsgrad eine Annäherung. Die Exinitkokse weisen das geringste Porensystem auf, das der Vitrinite und Exinite ähnelt einander, jedoch ist die Inkohlungsabhängigkeit der Koksstrukturen der Vitrinite stärker. In den Mischungen werden die stärksten Abweichungen von einem additiven Verhalten durch den Exinit bewirkt. Auch die spezifische elektrische Leitfähigkeit der Kokse steht im direkten Zusammenhang mit dem Mikroporensystem. Außerdem ist sie abhängig vom Restgehalt an Flüchtigen. Diese Befunde sind somit für die Verwendung von Koksen für elektrothermische Reduktionsprozesse von Bedeutung.

Für die experimentelle Bearbeitung der vorstehend behandelten Themen bin ich meinen Mitarbeitern zu Dank verpflichtet. Herr Fr. KUTHE trug

Forschungsberichte des Wirtschafts- und Verkehrsministeriums Nordrhein-Westfalen

die Hauptlast der Arbeiten, Entwicklung der BAUERapparatur, Dilatometerverhalten (Kapitel III, 1a, 2a), 3a), 4), Herr Gondermann bearbeitete Kapitel 2b, Herr Schmidt Kapitel 3b, und 4b, Herr Dobmaier Kapitel IV, 2 und 4.

Dem Ministerium für Wirtschaft und Verkehr des Landes Nordrhein-Westfalen sowie der Gewerkschaft Auguste-Viktoria insbesondere den leitenden Herren Direktor Bergassessor Florin und Direktor Dr. Kaunert danken wir für die zur Verfügung gestellten Mittel, die erst die Durchführung der Arbeiten ermöglichten.

Prof. Dr.phil.habil. Carl KRÖGER
Institut für Brennstoffchemie
der Technischen Hochschule Aachen

FORSCHUNGSBERICHTE
DES WIRTSCHAFTS- UND VERKEHRSMINISTERIUMS
NORDRHEIN-WESTFALEN

Herausgegeben von Staatssekretär Prof. Dr. h. c. Leo Brandt

HEFT 1
Prof. Dr.-Ing. E. Flegler, Aachen
Untersuchungen oxydischer Ferromagnet-Werkstoffe
1952, 20 Seiten, DM 6,75

HEFT 2
Prof. Dr. W. Fuchs, Aachen
Untersuchungen über absatzfreie Teeröle
1952, 32 Seiten, 5 Abb., 6 Tabellen, DM 10,—

HEFT 3
Techn.-Wissenschaftl. Büro für die Bastfaserindustrie, Bielefeld
Untersuchungsarbeiten zur Verbesserung des Leinenwebstuhls
1952, 44 Seiten, 7 Abb., 3 Tabellen, DM 12,50

HEFT 4
Prof. Dr. E. A. Müller und Dipl.-Ing. H. Spitzer, Dortmund
Untersuchungen über die Hitzebelastung in Hüttenbetrieben
1952, 28 Seiten, 5 Abb., 1 Tabelle, DM 9,—

HEFT 5
Dipl.-Ing. W. Fister, Aachen
Prüfstand der Turbinenuntersuchungen
1952, 40 Seiten, 30 Abb., 3 Schaltbilder, DM 1,—

HEFT 6
Prof. Dr. W. Fuchs, Aachen
Untersuchungen über die Zusammensetzung und Verwendbarkeit von Schwelteerfraktionen
1952, 36 Seiten, DM 10,50

HEFT 7
Prof. Dr. W. Fuchs, Aachen
Untersuchungen über emsländisches Petrolatum
1952, 36 Seiten, 1 Abb., 17 Tabellen, DM 10,50

HEFT 8
M. E. Meffert und H. Stratmann, Essen
Algen-Großkulturen im Sommer 1951
1953, 52 Seiten, 4 Abb., 20 Tabellen, DM 9,75

HEFT 9
Techn.-Wissenschaftl. Büro für die Bastfaserindustrie, Bielefeld
Untersuchungen über die zweckmäßige Wicklungsart von Leinengarnkreuzspulen unter Berücksichtigung der Anwendung hoher Geschwindigkeiten des Garnes
Vorversuche für Zetteln und Schären von Leinengarnen auf Hochleistungsmaschinen
1952, 48 Seiten, 7 Abb., 7 Tabellen, DM 9,25

HEFT 10
Prof. Dr. W. Vogel, Köln
„Das Streifenpaar" als neues System zur mechanischen Vergrößerung kleiner Verschiebungen und seine technischen Anwendungsmöglichkeiten
1953, 20 Seiten, 6 Abb., DM 4,50

HEFT 11
Laboratorium für Werkzeugmaschinen und Betriebslehre, Technische Hochschule Aachen
1. Untersuchungen über Metallbearbeitung im Fräsvorgang mit Hartmetallwerkzeugen und negativem Spanwinkel
2. Weiterentwicklung des Schleifverfahrens für die Herstellung von Präzisionswerkstücken unter Vermeidung hoher Temperaturen
3. Untersuchung von Oberflächenveredlungsverfahren zur Steigerung der Belastbarkeit hochbeanspruchter Bauteile
1953, 80 Seiten, 61 Abb., DM 15,75

HEFT 12
Elektrowärme-Institut, Langenberg (Rhld.)
Induktive Erwärmung mit Netzfrequenz
1952, 22 Seiten, 6 Abb., DM 5,20

HEFT 13
Techn.-Wissenschaftl. Büro für die Bastfaserindustrie, Bielefeld
Das Naßspinnen von Bastfasergarnen mit chemischen Zusätzen zum Spinnbad
1953, 52 Seiten, 4 Abb., 19 Tabellen, DM 10,—

HEFT 14
Forschungsstelle für Acetylen, Dortmund
Untersuchungen über Aceton als Lösungsmittel für Acetylen
1952, 64 Seiten, 10 Abb., 26 Tabellen, DM 12,25

HEFT 15
Wäschereiforschung Krefeld
Trocknen von Wäschestoffen
1953, 48 Seiten, 14 Abb., 2 Tabellen, DM 9,—

HEFT 16
Max-Planck-Institut für Kohlenforschung, Mülheim a. d. Ruhr
Arbeiten des MPI für Kohlenforschung
1953, 104 Seiten, 9 Abb., DM 17,80

HEFT 17
Ingenieurbüro Herbert Stein, M.-Gladbach
Untersuchung der Verzugsvorgänge in den Streckwerken verschiedener Spinnereimaschinen. 1. Bericht: Vergleichende Prüfung mit verschiedenen Dickenmeßgeräten
1952, 36 Seiten, 15 Abb., DM 8,—

HEFT 18
Wäschereiforschung Krefeld
Grundlagen zur Erfassung der chemischen Schädigung beim Waschen
1953, 68 Seiten, 15 Abb., 15 Tabellen, DM 12,75

HEFT 19
Techn.-Wissenschaftl. Büro für die Bastfaserindustrie, Bielefeld
Die Auswirkung des Schlichtens von Leinengarnketten auf den Verarbeitungswirkungsgrad, sowie die Festigkeit und Dehnungsverhältnisse der Garne und Gewebe
1953, 48 Seiten, 1 Abb., 9 Tabellen, DM 9,—

HEFT 20
Techn.-Wissenschaftl. Büro für die Bastfaserindustrie, Bielefeld
Trocknung von Leinengarnen I
Vorgang und Einwirkung auf die Garnqualität
1953, 62 Seiten, 18 Abb., 5 Tabellen, DM 12,—

HEFT 21
Techn.-Wissenschaftl. Büro für die Bastfaserindustrie, Bielefeld
Trocknung von Leinengarnen II
Spulenanordnung und Luftführung beim Trocknen von Kreuzspulen
1953, 66 Seiten, 22 Abb., 9 Tabellen, DM 13,—

HEFT 22
Techn.-Wissenschaftl. Büro für die Bastfaserindustrie, Bielefeld
Die Reparaturanfälligkeit von Webstühlen
1953, 28 Seiten, 7 Abb., 5 Tabellen, DM 5,80

HEFT 23
Institut für Starkstromtechnik, Aachen
Rechnerische und experimentelle Untersuchungen zur Kenntnis der Metadyne als Umformer von konstanter Spannung auf konstanten Strom
1953, 52 Seiten, 20 Abb., 4 Tafeln, DM 9,75

HEFT 24
Institut für Starkstromtechnik, Aachen
Vergleich verschiedener Generator-Metadyne-Schaltungen in bezug auf statisches Verhalten
1952, 44 Seiten, 23 Abb., DM 8,50

HEFT 25
Gesellschaft für Kohlentechnik mbH., Dortmund-Eving
Struktur der Steinkohlen und Steinkohlen-Kokse
1953, 58 Seiten, DM 11,—

HEFT 26
Techn.-Wissenschaftl. Büro für die Bastfaserindustrie, Bielefeld
Vergleichende Untersuchungen zweier neuzeitlicher Ungleichmäßigkeitsprüfer für Bänder und Garne hinsichtlich ihrer Eignung für die Bastfaserspinnerei
1953, 64 Seiten, 30 Abb., DM 12,50

HEFT 27
Prof. Dr. E. Schratz, Münster
Untersuchungen zur Rentabilität des Arzneipflanzenanbaues Römische Kamille, Anthemis nobilis L.
1953, 16 Seiten, 1 Tabelle, DM 3,60

HEFT 28
Prof. Dr. E. Schratz, Münster
Calendula officinalis L. Studien zur Ernährung, Blütenfüllung und Rentabilität der Drogengewinnung
1953, 24 Seiten, 2 Abb., 3 Tabellen, DM 5,20

HEFT 29
Techn.-Wissenschaftl. Büro für die Bastfaserindustrie, Bielefeld
Die Ausnützung der Leinengarne in Geweben
1953, 100 Seiten, 14 Abb., 10 Tabellen, DM 17,80

HEFT 30
Gesellschaft für Kohlentechnik mbH., Dortmund-Eving
Kombinierte Entaschung und Verschwelung von Steinkohle; Aufarbeitung von Steinkohlenschlämmen zu verkokbarer oder verschwelbarer Kohle
1953, 56 Seiten, 16 Abb., 10 Tabellen, DM 10,50

HEFT 31
Dipl.-Ing. A. Stormanns, Essen
Messung des Leistungsbedarfs von Doppelsteg-Kettenförderern
1954, 54 Seiten, 18 Abb., 3 Anlagen, DM 11,—

HEFT 32
Techn.-Wissenschaftl. Büro für die Bastfaserindustrie, Bielefeld
Der Einfluß der Natriumchloridbleiche auf Qualität und Verwebbarkeit von Leinengarnen und die Eigenschaften der Leinengewebe unter besonderer Berücksichtigung des Einsatzes von Schützen- und Spulenwechselautomaten in der Leinenweberei
1953, 64 Seiten, 2 Abb., 12 Tabellen, DM 11,50

HEFT 33
Kohlenstoffbiologische Forschungsstation e. V.
Eine Methode zur Bestimmung von Schwefeldioxyd und Schwefelwasserstoff in Rauchgasen und in der Atmosphäre
1953, 32 Seiten, 8 Abb., 3 Tabellen, DM 6,50

HEFT 34
Textilforschungsanstalt Krefeld
Quellungs- und Entquellungsvorgänge bei Faserstoffen
1953, 52 Seiten, 13 Abb., 13 Tabellen, DM 9,80

WESTDEUTSCHER VERLAG · KÖLN UND OPLADEN

HEFT 35
Professor Dr. W. Kast, Krefeld
Feinstrukturuntersuchungen an künstlichen Zellulosefasern verschiedener Herstellungsverfahren. Teil I: Der Orientierungszustand
1953, 74 Seiten, 30 Abb., 7 Tabellen, DM 13,80

HEFT 36
Forschungsinstitut der feuerfesten Industrie, Bonn
Untersuchungen über die Trocknung von Rohton
Untersuchungen über die chemische Reinigung von Silika- und Schamotte-Rohstoffen mit chlorhaltigen Gasen
1953, 60 Seiten, 5 Abb., 5 Tabellen, DM 11,—

HEFT 37
Forschungsinstitut der feuerfesten Industrie, Bonn
Untersuchungen über den Einfluß der Probenvorbereitung auf die Kaltdruckfestigkeit feuerfester Steine
1953, 40 Seiten, 2 Abb., 5 Tabellen, DM 7,80

HEFT 38
Forschungsstelle für Acetylen, Dortmund
Untersuchungen über die Trocknung von Acetylen zur Herstellung von Dissousgas
1953, 36 Seiten, 11 Abb., 3 Tabellen, DM 6,80

HEFT 39
Forschungsgesellschaft Blechverarbeitung e. V., Düsseldorf
Untersuchungen an prägegemusterten und vorgelochten Blechen
1953, 46 Seiten, 34 Abb., DM 9,50

HEFT 40
Landesgeologe Dr.-Ing. W. Wolff, Amt für Bodenforschung, Krefeld
Untersuchungen über die Anwendbarkeit geophysikalischer Verfahren zur Untersuchung von Spateisengängen im Siegerland
1953, 46 Seiten, 8 Abb., DM 8,80

HEFT 41
Techn.-Wissenschaftl. Büro für die Bastfaserindustrie, Bielefeld
Untersuchungsarbeiten zur Verbesserung des Leinenwebstuhles II
1953, 40 Seiten, 4 Abb., 5 Tabellen, DM 7,80

HEFT 42
Professor Dr. B. Helferich, Bonn
Untersuchungen über Wirkstoffe — Fermente — in der Kartoffel und die Möglichkeit ihrer Verwendung
1953, 58 Seiten, 9 Abb., DM 11,—

HEFT 43
Forschungsgesellschaft Blechverarbeitung e. V., Düsseldorf
Forschungsergebnisse über das Beizen von Blechen
1953, 48 Seiten, 38 Abb., 2 Tabellen, DM 11,30

HEFT 44
Arbeitsgemeinschaft für praktische Dehnungsmessung, Düsseldorf
Eigenschaften und Anwendungen von Dehnungsmeßstreifen
1953, 68 Seiten, 43 Abb., 2 Tabellen, DM 13,70

HEFT 45
Losenhausenwerk Düsseldorfer Maschinenbau AG., Düsseldorf
Untersuchungen von störenden Einflüssen auf die Lastgrenzenanzeige von Dauerschwingprüfmaschinen
1953, 36 Seiten, 11 Abb., 3 Tabellen, DM 7,25

HEFT 46
Prof. Dr. W. Fuchs, Aachen
Untersuchungen über die Aufbereitung von Wasser für die Dampferzeugung in Benson-Kesseln
1953, 58 Seiten, 18 Abb., 9 Tabellen, DM 11,20

HEFT 47
Prof. Dr.-Ing. K. Krekeler, Aachen
Versuche über die Anwendung der induktiven Erwärmung zum Sintern von hochschmelzenden Metallen sowie zur Anlegierung und Vergütung von aufgespritzten Metallschichten mit dem Grundwerkstoff
1954, 66 Seiten, 39 Abb., DM 13,90

HEFT 48
Max-Planck-Institut für Eisenforschung, Düsseldorf
Spektrochemische Analyse der Gefügebestandteile in Stählen nach ihrer Isolierung
1953, 38 Seiten, 8 Abb., 5 Tabellen, DM 7,80

HEFT 49
Max-Planck-Institut für Eisenforschung, Düsseldorf
Untersuchungen über Ablauf der Desoxydation und die Bildung von Einschlüssen in Stählen
1953, 52 Seiten, 19 Abb., 3 Tabellen, DM 12,40

HEFT 50
Max-Planck-Institut für Eisenforschung, Düsseldorf
Flammenspektralanalytische Untersuchung der Ferritzusammensetzung in Stählen
1953, 44 Seiten, 15 Abb., 4 Tabellen, DM 8,60

HEFT 51
Verein zur Förderung von Forschungs- und Entwicklungsarbeiten in der Werkzeugindustrie e. V., Remscheid
Untersuchungen an Kreissägeblättern für Holz, Fehler- und Spannungsprüfverfahren
1953, 50 Seiten, 23 Abb., DM 10,—

HEFT 52
Forschungsstelle für Acetylen, Dortmund
Untersuchungen über den Umsatz bei der explosiblen Zersetzung von Azetylen
a) Zersetzung von gasförmigem Azetylen
b) Zersetzung von an Silikagel absorbiertem Azetylen
1954, 48 Seiten, 8 Abb., 10 Tabellen, DM 9,25

HEFT 53
Professor Dr.-Ing. H. Opitz, Aachen
Reibwert und Verschleißmessungen an Kunststoffgleitführungen für Werkzeugmaschinen
1954, 38 Seiten, 18 Abb., DM 8,20

HEFT 54
Professor Dr.-Ing. F. A. F. Schmidt, Aachen
Schaffung von Grundlagen für die Erhöhung der spez. Leistung und Herabsetzung des spez. Brennstoffverbrauches bei Ottomotoren mit Teilbericht über Arbeiten an einem neuen Einspritzverfahren
1954, 34 Seiten, 15 Abb., DM 7,40

HEFT 55
Forschungsgesellschaft Blechverarbeitung e. V., Düsseldorf
Chemisches Glänzen von Messing und Neusilber
1954, 50 Seiten, 21 Abb., 1 Tabelle, DM 10,20

HEFT 56
Forschungsgesellschaft Blechverarbeitung e. V., Düsseldorf
Untersuchungen über einige Probleme der Behandlung von Blechoberflächen
1954, 52 Seiten, 42 Abb., DM 11,20

HEFT 57
Prof. Dr.-Ing. F. A. F. Schmidt, Aachen
Untersuchungen zur Erforschung des Einflusses des chemischen Aufbaues des Kraftstoffes auf sein Verhalten im Motor und in Brennkammern von Gasturbinen
1954, 70 Seiten, 32 Abb., DM 14,60

HEFT 58
Gesellschaft für Kohlentechnik mbH., Dortmund
Herstellung und Untersuchung von Steinkohlenschweltoer
1954, 74 Seiten, 9 Abb., 9 Tabellen, DM 13,75

HEFT 59
Forschungsinstitut der Feuerfest-Industrie e. V., Bonn
Ein Schnellanalysenverfahren zur Bestimmung von Aluminiumoxyd, Eisenoxyd und Titanoxyd in feuerfestem Material mittels organischer Farbreagenzien auf photometrischem Wege
Untersuchungen des Alkali-Gehaltes feuerfester Stoffe mit dem Flammenphotometer nach Riehm-Lange
1954, 62 Seiten, 12 Abb., 3 Tabellen, DM 11,60

HEFT 60
Forschungsgesellschaft Blechverarbeitung e. V., Düsseldorf
Untersuchungen über das Spritzlackieren im elektrostatischen Hochspannungsfeld
1954, 82 Seiten, 53 Abb., 7 Tabellen, DM 17,—

HEFT 61
Verein zur Förderung von Forschungs- und Entwicklungsarbeiten in der Werkzeugindustrie e. V., Remscheid
Schwingungs- und Arbeitsverhalten von Kreissägeblättern für Holz
1954, 54 Seiten, 31 Abb., DM 11,40

HEFT 62
Professor Dr. W. Franz, Institut für theoretische Physik der Universität Münster
Berechnung des elektrischen Durchschlags durch feste und flüssige Isolatoren
1954, 36 Seiten, DM 7,—

HEFT 63
Textilforschungsanstalt Krefeld
Neue Methoden zur Untersuchung der Wirkungsweise von Textilhilfsmitteln
Untersuchungen über Schlichtungs- und Entschlichtungsvorgänge
1954, 34 Seiten, 1 Abb., 5 Tabellen, DM 6,80

HEFT 64
Textilforschungsanstalt Krefeld
Die Kettenlängenverteilung von hochpolymeren Faserstoffen
Über die fraktionierte Fällung von Polyamiden
1954, 44 Seiten, 13 Abb., DM 8,60

HEFT 65
Fachverband Schneidwarenindustrie, Solingen
Untersuchungen über das elektrolytische Polieren von Tafelmesserklingen aus rostfreiem Stahl
1954, 90 Seiten, 38 Abb., 9 Tabellen, DM 17,35

HEFT 66
Dr.-Ing. P. Füsgen VDI †, Düsseldorf
Untersuchungen über das Auftreten des Ratterns bei selbsthemmenden Schneckengetrieben und seine Verhütung
1954, 32 Seiten, 5 Abb., DM 6,60

HEFT 67
Heinrich Wösthoff o. H. G., Apparatebau, Bochum
Entwicklung einer chemisch-physikalischen Apparatur zur Bestimmung kleinster Kohlenoxyd-Konzentrationen
1954, 94 Seiten, 48 Abb., 2 Tabellen, DM 18,25

HEFT 68
Kohlenstoffbiologische Forschungsstation e. V., Essen
Algengroßkulturen im Sommer 1952
II. Über die unsterile Großkultur von Scenedesmus obliquus
1954, 62 Seiten, 3 Abb., 29 Tabellen, DM 11,40

HEFT 69
Wäschereiforschung Krefeld
Bestimmung des Faserabbaues bei Leinen unter besonderer Berücksichtigung der Leinengarnbleiche
1954, 48 Seiten, 15 Abb., 3 Tabellen, DM 9,60

HEFT 70
Wäschereiforschung Krefeld
Trocknen von Wäschestoffen
1954, 52 Seiten, 18 Abb., 3 Tabellen, DM 10,—

HEFT 71
Prof. Dr.-Ing. K. Leist, Aachen
Kleingasturbinen, insbesondere zum Fahrzeugantrieb
1954, 114 Seiten, 85 Abb., DM 22,—

HEFT 72
Prof. Dr.-Ing. K. Leist, Aachen
Beitrag zur Untersuchung von stehenden geraden Turbinengittern mit Hilfe von Druckverteilungsmessungen
1954, 152 Seiten, 111 Abb., DM 36,20

HEFT 73
Prof. Dr.-Ing. K. Leist, Aachen
Spannungsoptische Untersuchungen von Turbinenschaufelfüßen
1954, 66 Seiten, 46 Abb., 2 Tabellen, DM 14,60

HEFT 74
Max-Planck-Institut für Eisenforschung, Düsseldorf
Versuche zur Klärung des Umwandlungsverhaltens eines sonderkarbidbildenden Chromstahls
1954, 58 Seiten, 10 Abb., DM 14,—

HEFT 75
Max-Planck-Institut für Eisenforschung, Düsseldorf
Zeit-Temperatur-Umwandlungs-Schaubilder als Grundlage der Wärmebehandlung der Stähle
1954, 44 Seiten, 13 Abb., DM 8,70

HEFT 76
Max-Planck-Institut für Arbeitsphysiologie, Dortmund
Arbeitstechnische und arbeitsphysiologische Rationalisierung von Mauersteinen
1954, 52 Seiten, 12 Abb., 3 Tabellen, DM 10,20

HEFT 77
Meteor Apparatebau Paul Schmeck GmbH., Siegen
Entwicklung von Leuchtstoffröhren hoher Leistung
1954, 46 Seiten, 12 Abb., 2 Tabellen, DM 9,15

HEFT 78
Forschungsstelle für Acetylen, Dortmund
Über die Zustandsgleichung des gasförmigen Acetylens und das Gleichgewicht Acetylen — Aceton
1954, 42 Seiten, 3 Abb., 8 Tabellen, DM 8,—

HEFT 79
Techn.-Wissenschaftl. Büro für die Bastfaserindustrie, Bielefeld
Trocknung von Leinengarnen III
Spinnspulen- und Spinnkopstrocknung
Vorgang und Einwirkung auf die Garnqualität
1954, 74 Seiten, 18 Abb., 10 Tabellen, DM 14,—

WESTDEUTSCHER VERLAG · KÖLN UND OPLADEN

HEFT 80
Techn.-Wissenschaftl. Büro für die Bastfaserindustrie, Bielefeld
Die Verarbeitung von Leinengarn auf Webstühlen mit und ohne Oberbau
1954, 30 Seiten, 2 Abb., 2 Tabellen, DM 6,—

HEFT 81
Prüf- und Forschungsinstitut für Ziegeleierzeugnisse, Essen-Kray
Die Einführung des großformatigen Einheits-Gitterziegels im Lande Nordrhein-Westfalen
1954, 54 Seiten, 2 Abb., 2 Tabellen, DM 10,—

HEFT 82
Vereinigte Aluminium-Werke AG., Bonn
Forschungsarbeiten auf dem Gebiet der Veredelung von Aluminium-Oberflächen
1954, 46 Seiten, 34 Abb., DM 9,60

HEFT 83
Prof. Dr. S. Strugger, Münster
Über die Struktur der Proplastiden
1954, 30 Seiten, 15 Abb., DM 8,40

HEFT 84
Dr. H. Baron, Düsseldorf
Über Standardisierung von Wundtextilien
1954, 32 Seiten, DM 6,40

HEFT 85
Textilforschungsanstalt Krefeld
Physikalische Untersuchungen an Fasern, Fäden, Garnen und Geweben:
Untersuchungen am Knickscheuergerät nach Weltzien
1954, 40 Seiten, 11 Abb., 8 Tabellen, DM 10,—

HEFT 86
Prof. Dr.-Ing. H. Opitz, Aachen
Untersuchungen über das Fräsen von Baustahl sowie über den Einfluß des Gefüges auf die Zerspanbarkeit
1954, 108 Seiten, 73 Abb., 7 Tabellen, DM 22,—

HEFT 87
Gemeinschaftsausschuß Verzinken, Düsseldorf
Untersuchungen über Güte von Verzinkungen
1954, 68 Seiten, 56 Abb., 3 Tabellen, DM 15,30

HEFT 88
Gesellschaft für Kohlentechnik mbH., Dortmund-Eving
Oxydation von Steinkohle mit Salpetersäure
1954, 62 Seiten, 2 Abb., 1 Tabelle, DM 11,50

HEFT 89
Verein Deutscher Ingenieure, Gleitlagerforschung, Düsseldorf und Prof. Dr. G. Vogelpohl, Göttingen
Versuche mit Preßstoff-Lagern für Walzwerke
1954, 70 Seiten, 34 Abb., DM 14,10

HEFT 90
Forschungs-Institut der Feuerfest-Industrie, Bonn
Das Verhalten von Silikasteinen im Siemens-Martin-Ofengewölbe
1954, 62 Seiten, 15 Abb., 11 Tabellen, DM 11,90

HEFT 91
Forschungs-Institut der Feuerfest-Industrie, Bonn
Untersuchungen des Zusammenhangs zwischen Leistung und Kohlenverbrauch von Kammeröfen zum Brennen von feuerfesten Materialien
1954, 42 Seiten, 6 Abb., DM 8,30

HEFT 92
Techn.-Wissenschaftl. Büro für die Bastfaserindustrie, Bielefeld und Laboratorium für textile Meßtechnik, M.-Gladbach
Messungen von Vorgängen am Webstuhl
1954, 76 Seiten, 45 Abb., DM 15,50

HEFT 93
Prof. Dr. W. Kast, Krefeld
Spinnversuche zur Strukturerfassung künstlicher Zellulosefasern
1954, 82 Seiten, 39 Abb., 6 Tabellen, DM 16,—

HEFT 94
Prof. Dr. G. Winter, Bonn
Die Heilpflanzen des MATTHIOLUS (1611) gegen Infektionen der Harnwege und Verunreinigung der Wunden bzw. zur Förderung der Wundheilung im Lichte der Antibiotikaforschung
1954, 58 Seiten, 1 Abb., 2 Tabellen, DM 11,50

HEFT 95
Prof. Dr. G. Winter, Bonn
Untersuchungen über die flüchtigen Antibiotika aus der Kapuziner- (Tropaeolum maius) und Gartenkresse (Lepidium sativum) und ihr Verhalten im menschlichen Körper bei Aufnahme von Kapuziner- bzw. Gartenkressensalat per os
1955, 74 Seiten, 9 Abb., 25 Tabellen, DM 14,—

HEFT 96
Dr.-Ing. P. Koch, Dortmund
Austritt von Exoelektronen aus Metalloberflächen unter Berücksichtigung der Verwendung des Effektes für die Materialprüfung
1954, 34 Seiten, 13 Abb., DM 7,—

HEFT 97
Ing. H. Stein, Laboratorium für textile Meßtechnik, M.-Gladbach
Untersuchung der Verzugsvorgänge an den Streckwerken verschiedener Spinnereimaschinen
2. Bericht: Ermittlung der Haft-Gleiteigenschaften von Faserbändern und Vorgarnen
1955, 98 Seiten, 54 Abb., DM 21,—

HEFT 98
Fachverband Gesenkschmieden, Hagen
Die Arbeitsgenauigkeit beim Gesenkschmieden unter Hämmern
1955, 132 Seiten, 55 Abb., 9 Tabellen, DM 24,75

HEFT 99
Prof. Dr.-Ing. G. Garbotz, Aachen
Der Kraft- und Arbeitsaufwand sowie die Leistungen beim Biegen von Bewehrungsstählen in Abhängigkeit von den Abmessungen, den Formen und der Güte der Stähle (Ermittlung von Leistungsrichtlinien)
1955, 136 Seiten, 53 Abb., 3 Anlagen, 18 Tabellen, DM 30,—

HEFT 100
Prof. Dr.-Ing. H. Opitz, Aachen
Untersuchungen von elektrischen Antrieben, Steuerungen und Regelungen an Werkzeugmaschinen
1955, 166 Seiten, 71 Abb., 3 Tabellen, DM 31,30

HEFT 101
Prof. Dr.-Ing. H. Opitz, Aachen
Wirtschaftlichkeitsbetrachtungen beim Außenrundschleifen
1955, 100 Seiten, 56 Abb., 3 Tabellen, DM 19,30

HEFT 102
Dr. P. Hölemann, Ing. R. Hasselmann und Ing. G. Dix, Dortmund
Untersuchungen über die thermische Zündung von explosiblen Acetylenzersetzungen in Kapillaren
1955, 44 Seiten, 5 Abb., 4 Tabellen, DM 8,60

HEFT 103
Prof. Dr. W. Weizel, Bonn
Durchführung von experimentellen Untersuchungen über den zeitlichen Ablauf von Funken in komprimierten Edelgasen sowie zu deren mathematischen Berechnung
1955, 46 Seiten, 12 Abb., DM 9,10

HEFT 104
Prof. Dr. W. Weizel, Bonn
Über den Einfluß der Elektroden auf die Eigenschaften von Cadmium-Sulfid-Widerstands-Photozellen
1955, 48 Seiten, 12 Abb., DM 9,45

HEFT 105
Dr.-Ing. R. Meldau, Harsewinkel/Westf.
Auswertung von Gekörn — Analysen des Musterstaubes „Flugasche Fortuna I"
1955, 42 Seiten, 14 Abb., DM 8,50

HEFT 106
ORR. Dr.-Ing. W. Küch, Dortmund
Untersuchungen über die Einwirkung von feuchtigkeitsgesättigter Luft auf die Festigkeit von Leimverbindungen
1954, 60 Seiten, 10 Abb., 6 Tabellen, DM 11,40

HEFT 107
Prof. Dr. H. Lange und Dipl.-Phys. P. St. Pütter, Köln
Über die Konstruktion von Laboratoriumsmagneten
1955, 66 Seiten, 19 Abb., 1 Tabelle, DM 12,30

HEFT 108
Prof. Dr. W. Fuchs, Aachen
Untersuchungen über neue Beizmethoden und Beizabwässer
I. Die Entzunderung von Drähten mit Natriumhydrid
II. Die Aufbereitung von Beizabwässern
1955, 82 S., 15 Abb., 14 Tabellen, 1 Falttafel, DM 15,25

HEFT 109
Dr. P. Hölemann und Ing. R. Hasselmann, Dortmund
Untersuchungen über die Löslichkeit von Azetylen in verschiedenen organischen Lösungsmitteln
1954, 42 Seiten, 10 Abb., 8 Tabellen, DM 8,30

HEFT 110
Dr. P. Hölemann und Ing. R. Hasselmann, Dortmund
Untersuchungen über den Druckverlauf bei der explosiblen Zersetzung von gasförmigem Azetylen
1955, 54 Seiten, 10 Abb., 5 Tabellen, DM 11,—

HEFT 111
Fachverband Steinzeugindustrie, Köln
Die Entwicklung eines Gerätes zur Beschickung seitlicher Feuer von Steinzeug-Einzelkammeröfen mit festen Brennstoffen
1955, 46 Seiten, 16 Abb., DM 9,40

HEFT 112
Prof. Dr.-Ing. H. Opitz, Aachen
Verschleißmessungen beim Drehen mit aktivierten Hartmetallwerkzeugen
1954, 44 Seiten, 17 Abb., 6 Tabellen, DM 8,80

HEFT 113
Prof. Dr. O. Graf, Dortmund
Erforschung der geistigen Ermüdung und nervösen Belastung: Studien über die vegetative 24-Stunden-Rhythmik in Ruhe und unter Belastung
1955, 40 Seiten, 12 Abb., DM 8,20

HEFT 114
Prof. Dr. O. Graf, Dortmund
Studien über Fließarbeitsprobleme an einer praxisnahen Experimentieranlage
1954, 34 Seiten, 6 Abb., DM 7,—

HEFT 115
Prof. Dr. O. Graf, Dortmund
Studium über Arbeitspausen in Betrieben bei freier und zeitgebundener Arbeit (Fließarbeit) und ihre Auswirkung auf die Leistungsfähigkeit
1955, 50 Seiten, 13 Abb., 2 Tabellen, DM 9,80

HEFT 116
Prof. Dr.-Ing. E. Siebel und Dr.-Ing. H. Weiss, Stuttgart
Untersuchungen an einigen Problemen des Tiefziehens — I. Teil
1955, 74 Seiten, 50 Abb., 5 Tabellen, DM 14,50

HEFT 117
Dr.-Ing. H. Beißwänger, Stuttgart, und Dr.-Ing. S. Schwandt, Trier
Untersuchungen an einigen Problemen des Tiefziehens — II. Teil
1955, 92 Seiten, 34 Abb., 8 Tabellen, DM 17,70

HEFT 118
Prof. Dr. E. A. Müller und Dr. H. G. Wenzel, Dortmund
Neuartige Klima-Anlage zur Erzeugung ungleicher Luft- und Strahlungstemperaturen in einem Versuchsraum
1955, 68 Seiten, 10 z. T. mehrfarb. Abb., DM 14,—

HEFT 119
Dr.-Ing. O. Viertel, Krefeld
Wäscherei- und energietechnische Untersuchung einer Gemeinschafts-Waschanlage
1955, 50 Seiten, 18 Abb., DM 10,20

HEFT 120
Dipl.-Ing. A. Weisbecker, Lüdenscheid
Über Anfressungen an Reinstaluminium-Schweißnähten bei der elektrolytischen Oxydation
Gebr. Hörstermann GmbH., Velbert
Entwicklung und Erprobung eines neuartigen Gummibandförderers
1955, 46 Seiten, 18 Abb., DM 9,70

HEFT 121
Dr. H. Krebs, Bonn
I. Die Struktur und die Eigenschaften der Halbmetalle
II. Die Bestimmung der Atomverteilung in amorphen Substanzen
III. Die chemische Bindung in anorganischen Festkörpern und das Entstehen metallischer Eigenschaften
1955, 124 Seiten, 36 Abb., 13 Tabellen, DM 22,90

HEFT 122
Prof. Dr. W. Fuchs, Aachen
Untersuchungen zur Verbesserung der Wasseraufbereitung und Wasseranalyse:
Über die Schnellbewertung von Ionenaustauscher
1955, 62 Seiten, 32 Abb., DM 12,30

HEFT 123
Dipl.-Ing. J. Emondts, Aachen
Über Bodenverformungen bei stark gestörtem und mächtigem, wasserführendem Deckgebirge im Aachener Steinkohlengebiet
1955, 196 Seiten, 37 Abb., 10 Tabellen, DM 28,80

HEFT 124
Prof. Dr. R. Seyffert, Köln
Wege und Kosten der Distribution der Hausratwaren im Lande Nordrhein-Westfalen
1955, 74 Seiten, 25 Tabellen, DM 9,—

WESTDEUTSCHER VERLAG · KÖLN UND OPLADEN

HEFT 125
Prof. Dr. E. Kappler, Münster
Eine neue Methode zur Bestimmung von Kondensations-Koeffizienten von Wasser
1955, 46 Seiten, 11 Abb., 1 Tabelle, DM 9,10

HEFT 126
Prof. Dr.-Ing. J. Mathieu, Aachen
Arbeitszeitvergleich
Grundlagen, Methodik und praktische Durchführung
1955, 70 Seiten, DM 13,—

HEFT 127
Güteschutz Betonstein e. V., Arbeitskreis Nordrhein-Westfalen, Dortmund
Die Betonwaren-Gütesicherung im Lande Nordrhein-Westfalen
1955, 58 Seiten, 15 Abb., 3 Tabellen, DM 11,50

HEFT 128
Prof. Dr. O. Schmitz-DuMont, Bonn
Untersuchungen über Reaktionen in flüssigem Ammoniak
1955, 96 Seiten, 11 Abb., 6 Tabellen, DM 17,75

HEFT 129
Prof. Dr.-Ing. J. Mathieu und Dr. C. A. Roos, Aachen
Die Anlernung von Industriearbeitern
I. Ergebnisse einer grundsätzlichen Untersuchung der gegenwärtigen Industriearbeiter-Kurzanlernung
1955, 106 Seiten, DM 19,70

HEFT 130
Prof. Dr.-Ing. J. Mathieu und Dr. C. A. Roos, Aachen
Die Anlernung von Industriearbeitern
II. Beiträge zur Methodenfrage der Kurzanlernung
1955, 108 Seiten, DM 19,90

HEFT 131
Dr. W. Hoerburger, Köln
Versuche zur Biosynthese von Eiweiß aus Kohlenwasserstoff
1955, 34 Seiten, 2 Abb., DM 6,90

HEFT 132
Prof. Dr. W. Seith, Münster
Über Diffusionserscheinungen in festen Metallen
1955, 42 Seiten, 19 Abb., 4 Tabellen, DM 9,10

HEFT 133
Prof. Dr. E. Jenckel, Aachen
Über einen für Schwermetalle selektiven Ionenaustauscher
1955, 48 Seiten, 8 Abb., 13 Tabellen, DM 9,50

HEFT 134
Prof. Dr.-Ing. H. Winterhager, Aachen
Über die elektrochemischen Grundlagen der Schmelzfluß-Elektrolyse von Bleisulfid in geschmolzenen Mischungen mit Bleichlorid
1955, 54 Seiten, 20 Abb., 5 Tabellen, DM 11,80

HEFT 135
Prof. Dr.-Ing. K. Krekeler und Dr.-Ing. H. Peukert, Aachen
Die Änderung der mechanischen Eigenschaften thermoplastischer Kunststoffe durch Warmrecken
1955, 54 Seiten, 27 Abb., DM 11,10

HEFT 136
Dipl.-Phys. P. Pilz, Remscheid
Über spezielle Probleme der Zerkleinerungstechnik von Weichstoffen
1955, 58 Seiten, 19 Abb., 2 Tabellen, DM 11,50

HEFT 137
Prof. Dr. W. Baumeister, Münster
Beiträge zur Mineralstoffernährung der Pflanzen
1955, 64 Seiten, 6 Tabellen, DM 11,80

HEFT 138
Dr. P. Hölemann und Ing. R. Hasselmann, Dortmund
Untersuchungen über die Zersetzungswärme von gasförmigem und in Azeton gelöstem Azetylen
1955, 54 Seiten, 8 Abb., 7 Tabellen, DM 10,40

HEFT 139
Prof. Dr. W. Fuchs, Aachen
Studien über die thermische Zersetzung der Kohle und die Kohlendestillatprodukte
1955, 64 Seiten, 20 Abb., 22 Tabellen, DM 11,80

HEFT 140
Dr.-Ing. G. Hausberg, Essen
Modellversuche an Zyklonen
1955, 78 Seiten, 24 Abb., DM 15,70

HEFT 141
Dr. J. van Calker und Dr. R. Wienecke, Münster
Untersuchungen über den Einfluß dritter Analysenpartner auf die spektrochemische Analyse
1955, 42 Seiten, 15 Abb., DM 9,10

HEFT 142
Dipl.-Ing. G. M. F. Wiebel, Hannover, A. Konermann und A. Ottenheym, Sennelager
Entwicklung eines Kalksandleichtsteines
1955, 38 Seiten, 4 Abb., DM 8,—

HEFT 143
Prof. Dr. F. Wever, Dr. A. Rose und Dipl.-Ing. W. Straßburg, Düsseldorf
Härtbarkeit und Umwandlungsverhalten der Stähle
1955, 50 Seiten, 12 Abb., 3 Tabellen, DM 10,70

HEFT 144
Prof. Dr. H. Wurmbach, Bonn
Steuerung von Wachstum und Formbildung
1955, 48 Seiten, 19 Abb., DM 10,30

HEFT 145
Dr. G. Hennemann, Werdohl (Westf.)
Beitrag zur Interpretation der modernen Atomphysik
1955, 34 Seiten, DM 10,—

HEFT 146
Dr.-Ing. F. Gruß, Düsseldorf
Sterilisation mit Heißluft
1955, 34 Seiten, 10 Abb., DM 7,70

HEFT 147
Dr.-Ing. W. Rudisch, Unna
Untersuchung einer drehelastischen Elektromagnet-Synchronkupplung
1955, 82 Seiten, 65 Abb., DM 17,70

HEFT 148
Prof. Dr. H. Bittel u. Dipl.-Phys. L. Storm, Münster
Untersuchungen über Widerstandsrauschen
1955, 40 Seiten, 5 Abb., DM 8,40

HEFT 149
Dipl.-Ing. K. Konopicky und Dipl.-Chem. P. Kampa, Bonn
I. Beitrag zur flammenphotometrischen Bestimmung des Calciums.
Dr.-Ing. K. Konopicky, Bonn
II. Die Wanderung von Schlackenbestandteilen in feuerfesten Baustoffen
1955, 54 Seiten, 10 Abb., 5 Tabellen, DM 11,—

HEFT 150
Prof. Dr.-Ing. O. Kienzle und Dipl.-Ing. W. Timmerbeil, Hannover
Das Durchziehen enger Kragen an ebenen Fein- und Mittelblechen
1955, 52 Seiten, 20 Abb., 8 Tabellen, DM 11,30

HEFT 151
Dipl.-Ing. P. Karabasch, Aachen
Feststellung des optimalen Gasgehaltes von Bronzen zur Erzielung druckdichter Gußstücke
1956, 64 Seiten, 31 Abb., 5 Tabellen, DM 13,90

HEFT 152
Dipl.-Ing. G. Müller, Köln
Ermittlung der Laufeigenschaften (Vergießbarkeit) von Bronze und Rotguß mittels der Schneider-Gießspirale
1955, 60 Seiten, 33 Abb., DM 13,30

HEFT 153
Prof. Dr. F. Wever, Dr.-Ing. W. A. Fischer und Dipl.-Ing. J. Engelbrecht, Düsseldorf
I. Die Reduktion sauerstoffhaltiger Eisenschmelzen im Hochvakuum mit Wasserstoff und Kohlenstoff
II. Einfluß geringer Sauerstoffgehalte auf das Gefüge und Alterungsverhalten von Reineisen
1955, 54 Seiten, 15 Abb., 2 Tabellen, DM 12,40

HEFT 154
Prof. Dr.-Ing. P. Bardenheuer und Dr.-Ing. W. A. Fischer, Düsseldorf
Die Verschlackung von Titan aus Stahlschmelzen im sauren und basischen Hochfrequenzofen unter verschiedenen Schlacken
1955, 36 Seiten, 10 Abb., 1 Tabelle, DM 7,95

HEFT 155
Dipl.-Phys. K. H. Schirmer, München
Die auf Grau abgestimmte Farbwiedergabe im Dreifarbenbuchdruck
1955, 46 Seiten, 17 Abb., 2 Farbtafeln, DM 10,—

HEFT 156
Prof. Dr.-Ing. B. von Borries und Mitarbeiter, Düsseldorf
Die Entwicklung regelbarer permanentmagnetischer Elektronenlinsen hoher Brechkraft und eines mit ihnen ausgerüsteten Elektronenmikroskopes neuer Bauart
1956, 102 Seiten, 52 Abb., DM 22,55

HEFT 157
Dr. W. Jawtusch, Dr. G. Schuster und Prof. Dr.-Ing. R. Jaeckel, Bonn
Untersuchungen über die Stoßvorgänge zwischen neutralen Atomen und Molekülen
1955, 48 Seiten, 15 Abb., 3 Tabellen, DM 10,50

HEFT 158
Dipl.-Ing. W. Rosenkranz, Meinerzhagen
Ein Beitrag zum Problem der Spannungskorrosion bei Preßprofilen und Preßteilen aus Aluminium-Legierungen
1956, 112 Seiten, 61 Abb., 5 Tabellen, DM 27,40

HEFT 159
Dr.-Ing. O. Viertel und O. Oldenroth, Krefeld
Das Bleichen von Weißwäsche mit Wasserstoffsuperoxyd bzw. Natriumhypochlorit beim maschinellen Waschen
1955, 54 Seiten, 23 Abb., 2 Tabellen, DM 11,45

HEFT 160
Prof. Dr. W. Klemm, Münster
Über neue Sauerstoff- und Fluor-haltige Komplexe
1955, 50 Seiten, 13 Abb., 7 Tabellen, DM 10,80

HEFT 161
Prof. Dr. W. Weltzien und Dr. G. Hauschild, Krefeld
Über Silikone und ihre Anwendung in der Textilveredlung
1955, 162 Seiten, 22 Abb., 10 Tabellen, DM 27,—

HEFT 162
Prof. Dr. F. Wever, Prof. Dr. A. Kochendörfer und Dr.-Ing. Chr. Rohrbach, Düsseldorf
Kennzeichnung der Sprödbruchneigung von Stählen durch Messung der Fließspannung, Reißspannung und Brucheinschnürung an dreiachsig beanspruchten Proben
1955, 58 Seiten, 26 Abb., DM 13,—

HEFT 163
Dipl.-Ing. W. Rohs und Text.-Ing. H. Griese, Bielefeld
Untersuchungsarbeiten zur Verbesserung des Leinenwebstuhls III
1955, 80 Seiten, 15 Abb., 18 Tabellen, DM 15,80

HEFT 164
Dr.-Ing. H. Schmachtenberg, Köln
Neuartige Prüfeinrichtungen für Kraftfahrzeuge
1955, 44 Seiten, 23 Abb., DM 9,60

HEFT 165
Dr.-Ing. W. Wilhelm, Aachen
Instationäre Gasströmung im Auspuffsystem eines Zweitaktmotors
1955, 62 Seiten, 31 Abb., 8 Tabellen, DM 13,60

HEFT 166
Prof. Dr. M. v. Stackelberg, Dr. H. Heindze, Dr. H. Hübschke und Dr. K. H. Frangen, Bonn
Kolloidchemische Untersuchungen
1955, 106 Seiten, 8 Abb., 13 Tabellen, DM 21,25

HEFT 167
Prof. Dr.-Ing. F. Schuster, Essen
I. Über die Heißkarburierung von Brenngasen mit Ölen und Teeren
II. Die Strahlungsvorgänge in brennstoffbeheizten Öfen bei verschiedenen Verbrennungsatmosphären
1955, 38 Seiten, 8 Abb., DM 8,30

HEFT 168
Prof. Dr.-Ing. F. Schuster, Essen
I. Luftvorwärmung an Gasfeuerungen
II. Heizwerthöhe von Brenngasen und Wirkungsgrad sowie Gasverbrauch bei der Gasverwendung
III. Sauerstoffangereicherte Luft und feuerungstechnische Kenngrößen von Brenngasen
1955, 60 Seiten, 18 Abb., DM 12,50

HEFT 169
Forschungsinstitut für Pigmente und Lacke, Stuttgart
Arbeiten über die Bestimmung des Gebrauchswertes von Lackfilmen durch physikalische Prüfungen
1955, 70 Seiten, 23 Abb., 4 Tabellen, DM 15,—

HEFT 170
Prof. Dr. F. Wever, Dr. A. Rose und Dipl.-Ing L. Rademacher, Düsseldorf
Anwendung der Umwandlungsschaubilder auf Fragen der Werkstoffauswahl beim Schweißen und Flammhärten
1955, 64 Seiten, 25 Abb., DM 13,70

WESTDEUTSCHER VERLAG · KÖLN UND OPLADEN

HEFT 171
Wäschereiforschung Krefeld
Untersuchung der Wäscheentwässerung mit Hilfe von Zentrifugen und Pressen
1955, 42 Seiten, 16 Abb., 4 Tabellen, DM 9,70

HEFT 172
Dipl.-Ing. W. Rohs, Dr.-Ing. G. Satlow und Text.-Ing. G. Heller, Bielefeld
Trocknung von Hanfgarnen. Kreuzspultrocknung
1955, 60 Seiten, 7 Abb., 4 Tabellen, DM 10,30

HEFT 173
Prof. Dr. R. Hosemann und Dipl.-Phys. G. Schoknecht, Berlin, vorgelegt von Prof. Dr. W. Kast, Krefeld
Lichtoptische Herstellung und Diskussion der Faltungsquadrate parakristalliner Gitter
1956, 108 Seiten, 63 Abb., 6 Tabellen, DM 24,70

HEFT 174
Prof. Dr. W. von Fragstein, Dr. J. Meingast und H. Hoch, Köln
Herstellung von Solen einheitlicher Teilchengröße und Ermittlung ihrer optischen Eigenschaften
1955, 78 Seiten, 80 Abb., 4 Tabellen, DM 18,25

HEFT 175
Dr.-Ing. H. Zeller, Aachen
Beitrag zur eindimensionalen stationären und nichtstationären Gasströmung mit Reibung und Wärmeleitung, insbesondere in Rohren mit unstetigen Querschnittsänderungen.
1956, 138 Seiten, 56 Abb., DM 29,30

HEFT 176
Dipl.-Ing. H. Schöberl, Duisburg
Über die Methoden zur Ermittlung der Verbrennungstemperatur von Brennstoffen und ein Vorschlag zu ihrer Verbesserung
1955, 30 Seiten, 3 Abb., DM 6,50

HEFT 177
Dipl.-Ing. H. Stüdemann, Solingen, und Dr.-Ing. W. Müchler, Essen
Entwicklung eines Verfahrens zur zahlenmäßigen Bestimmung der Schneideigenschaften von Messerklingen
1956, 104 Seiten, 68 Abb., 4 Tabellen, DM 22,20

HEFT 178
Prof. Dr. M. von Stackelberg u. Dr. W. Hans, Bonn
Untersuchungen zur Ausarbeitung und Verbesserung von polarographischen Analysenmethoden
1955, 46 Seiten, 14 Abb., 4 Tabellen, DM 10,50

HEFT 179
Dipl.-Ing. H. F. Reineke, Bochum
Entwicklungsarbeiten auf dem Gebiete der Meß- und Regeltechnik
1955, 46 Seiten, 10 Abb., DM 10,—

HEFT 180
Dr.-Ing. W. Piepenburg, Dipl.-Ing. B. Bühling und Bauing. J. Behnke, Köln
Putzarbeiten im Hochbau und Versuche mit aktiviertem Mörtel und mechanischem Mörtelauftrag
1955, 116 Seiten, 31 Abb., 68 Tabellen, DM 23,—

HEFT 181
Prof. Dr. W. Franz, Münster
Theorie der elektrischen Leitvorgänge in Halbleitern und isolierenden Festkörpern bei hohen elektrischen Feldern
1955, 28 Seiten, 2 Abb., 1 Tabelle, DM 6,20

HEFT 182
Dr.-Ing. P. Schenk u. Dr. K. Osterloh, Düsseldorf
Katalytisch-thermische Spaltung von gasförmigen und flüssigen Kohlenwasserstoffen zur Spitzengaserzeugung
1955, 50 Seiten, 11 Abb., 11 Tabellen, DM 10,90

HEFT 183
Dr. H. Bornheim, Köln
Entwicklungsarbeiten an Flaschen- und Ampullen-Behandlungsmaschinen für die pharmazeutische Industrie
1956, 48 Seiten, 24 Abb., DM 11,70

HEFT 184
Dr.-Ing. E. Printz, Kettwig
Vollhydraulische Parallel-Kupplung für Ackerschlepper
1955, 32 Seiten, 4 Abb., DM 7,80

HEFT 185
Dipl.-Ing. W. Rohs und Text.-Ing. G. Heller, Bielefeld
Studien an einem neuzeitlichen Kreuzspultrockner für Bastfasergarne mit Wiederbefeuchtungszone
1955, 52 Seiten, 9 Abb., 3 Tabellen, DM 10,70

HEFT 186
Dr. E. Wedekind, Krefeld
Untersuchungen zur Arbeitsbestgestaltung bei der Fertigstellung von Oberhemden in gewerblichen Wäschereien
1955, 124 Seiten, 28 Abb., 6 Tabellen, 2 Falttaf., DM 12,—

HEFT 187
Dipl.-Ing. F. Göttgens, Essen
Über die Eigenarten der Bimetall-, Thermo- und Flammenionisationssicherungsmethode in ihrer Anwendung auf Zündsicherungen
1955, 40 Seiten, 6 Abb., 4 Tabellen, DM 8,40

HEFT 188
W. Kinnebrock, Langenberg (Rhld.)
Der Einfluß des Austausches gleicher Gaskochbrenner bzw. Gaskochbrennerteile auf den Wirkungsgrad und insbesondere auf den CO-Gehalt der Verbrennungsgase
1955, 42 Seiten, 7 Tabellen, DM 8,70

HEFT 189
Fa. E. Leybold's Nachfolger, Köln
I. Ausgewählte Kapitel aus der Vakuumtechnik
II. Zum Verlust anorganisch-nichtflüchtiger Substanzen während der Gefriertrocknung
1955, 52 Seiten, 16 Abb., 3 Tabellen, DM 11,20

HEFT 190
Prof. Dr. A. Neuhaus, Prof. Dr. O. Schmitz-DuMont und Dipl.-Chem. H. Reckhard, Bonn
Zur Kenntnis der Alkalititanate
1955, 60 Seiten, 13 Abb., 1 Tabelle, DM 12,20

HEFT 191
Dr. H. Söhngen, Darmstadt
Schwingungsverhalten eines Schaufelkranzes im Vakuum
1955, 36 Seiten, 7 Abb., DM 7,80

HEFT 192
Dipl.-Phys. E. M. Schneider, München
Kohlebogenlampen für Aufnahme und Kopie
1955, 48 Seiten, 21 Abb., 3 Tabellen, DM 10,60

HEFT 193
Prof. Dr. O. Schmitz-DuMont, Bonn
Untersuchungen über neue Pigmentfarbstoffe
1956, 50 Seiten, 16 Abb., 8 Tabellen, DM 11,20

HEFT 194
Dr. K. Hecht, Köln
Entwicklung neuartiger physikalischer Unterrichtsgeräte
1955, 42 Seiten, 16 Abb., DM 9,90

HEFT 195
Dr.-Ing. E. Rößger, Köln
Gedanken über einen neuen deutschen Luftverkehr
1955, 342 Seiten, 29 Abb., 122 Tabellen, DM 50,—

HEFT 196
Dipl.-Ing. W. Rohs und Text.-Ing. H. Griese, Bielefeld
Auswirkungen von Garnfehlern bei der Verarbeitung von Leinengarnen
1955, 36 Seiten, 3 Abb., 6 Tabellen, DM 7,80

HEFT 197
Dr. E. Wedekind, Krefeld
Untersuchungen zur Bestimmung der optimalen Arbeitsplatzgröße bei Mehrstuhlarbeit in der Weberei
1955, 92 Seiten, 34 Abb., 6 Tabellen, DM 18,50

HEFT 198
Prof. Dr. J. Weissinger, Karlsruhe
Zur Aerodynamik des Ringflügels. Die Druckverteilung dünner, fast drehsymmetrischer Flügel in Unterschallströmung
1955, 42 Seiten, 5 Abb., DM 9,—

HEFT 199
Textilforschungsanstalt Krefeld
Die Messung von Gewebetemperaturen mittels Temperaturstrahlung
1955, 50 Seiten, 12 Abb., DM 10,90

HEFT 200
R. Seipenbusch, Langenberg (Rhld.)
Spitzengas durch Zusatz von Flüssiggas-Wassergas- und Flüssiggas-Generatorgas-Gemischen zu Stadtgas
1955, 48 Seiten, 21 Tabellen, DM 10,35

HEFT 201
Dr.-Ing. E. W. Pleines, Frankfurt/Main
Die Sicherheit im Luftverkehr
1956, 194 Seiten, 39 Abb., 19 Tabellen, DM 39,50

HEFT 202
Dipl.-Ing. D. Fiecke, Stuttgart/Zuffenhausen
Die Bestimmung der Flugzeugpolaren für Entwurfszwecke. I Teil: Unterlagen
1956, 216 Seiten, 171 Diagr., DM 59,70

HEFT 203
Dr. G. Wandel, Bonn
Uferbewachsung und Lebendverbauung an den Nordwestdeutschen Kanälen und ihren Zuflüssen sowie an der Ruhr
1956, 122 Seiten, 88 Abb., DM 25,70

HEFT 204
Dipl.-Ing. B. Naendorf, Langenberg (Rhld.)
Bestimmung der Brenneigenschaften und des Brennverhaltens verschiedener Gasarten und Einfluß verschiedener Düsengestaltung
1955, 32 Seiten, DM 7,10

HEFT 205
Dr. C. Schaarwächter, Düsseldorf
Über plastische Kupfer-Eisen-Phosphor-Legierungen
1936, 36 Seiten, 10 Abb., 10 Tabellen, DM 8,30

HEFT 206
Dr. P. Hölemann, Ing. R. Hasselmann und Ing. G. Dix, Dortmund
Untersuchungen über die Vorgänge bei der Zersetzung von in Azeton gelöstem Azetylen
1956, 74 Seiten, 7 Abb., 7 Tabellen, DM 15,55

HEFT 207
Prof. Dr.-Ing. H. Opitz, Dipl.-Ing. K. H. Fröhlich und Dipl.-Ing. H. Siebel, Aachen
Richtwerte für das Fräsen von unlegierten und legierten Baustählen mit Hartmetall. I. Teil
1956, 48 Seiten, 27 Abb., 3 Tabellen, DM 11,10

HEFT 208
Prof. Dr.-Ing. H. Müller, Essen
Untersuchung von Elektrowärmegeräten für Laienbedienung hinsichtlich Sicherheit und Gebrauchsfähigkeit. I. Untersuchungen an Kochplatten
1956, 100 Seiten, 76 Abb., 7 Tabellen, DM 22,70

HEFT 209
Dr. K. Bunge, Leverkusen
Materialabbau in Funkenentladungen. Untersuchungen an Zinkkathoden
1956, 54 Seiten, 10 Abb., 5 Tabellen, DM 11,40

HEFT 210
Dr. W. Porschen und Prof. Dr. W. Riezler, Bonn
Langlebige Alphaaktivitäten bei natürlichen Elementen
1955, 40 Seiten, 5 Abb., 4 Tabellen, DM 8,80

HEFT 211
Prof. Dipl.-Ing. W. Sturtzel und Dr.-Ing. W. Graff, Duisburg
Die Versuchsanstalt für Binnenschiffbau, Duisburg
1956, 48 Seiten, 22 Abb., 11,—

HEFT 212
Dipl.-Ing. H. Spodig, Selm
Untersuchung zur Anwendung der Dauermagnete in der Technik
1955, 44 Seiten, 25 Abb., DM 9,80

HEFT 213
Dipl.-Ing. K. F. Rittinghaus, Aachen
Zusammenstellung eines Meßwagens für Bau- und Raumakustik
1957, 96 Seiten 17 Abb., 7 Tabellen DM 19,80

HEFT 214
Dr.-Ing. J. Endres, München
Berechnung der optimalen Leistungen, Kraftstoffverbräuche und Wirkungsgrade von Einkreis-Turbolader-Strahltriebwerken am Boden und in der Höhe bei Fluggeschwindigkeiten von 0—2000 km/h
1956, 72 Seiten, 18 Abb., 8 Tabellen, DM 15,40

HEFT 215
Prof. Dr.-Ing. H. Opitz und Dr.-Ing. G. Weber, Aachen
Einfluß der Wärmebehandlung von Baustählen auf Spanentstehung, Schnittkraft- und Standzeitverhalten
1956, 80 Seiten, 30 Abb., 10 Tabellen, DM 18,40

HEFT 216
Dr. E. Kloth, Köln
Untersuchungen über die Ausbreitung kurzer Schallimpulse bei der Materialprüfung mit Ultraschall
1956, 90 Seiten, 60 Abb., 4 Tabellen, DM 19,40

HEFT 217
Rationalisierungskuratorium der Deutschen Wirtschaft (RKW), Frankfurt/Main
Typenvielzahl bei Haushaltgeräten und Möglichkeiten einer Beschränkung
1956, 328 Seiten, 2 Abb., 181 Tabellen, DM 49,50

HEFT 218
Dr. F. Keune, Aachen
Bericht über eine Theorie der Strömung um Rotationskörper ohne Anstellung bei Machzahl Eins
1955, 40 Seiten, 8 Abb., 5 Formelblätter, DM 8,80

WESTDEUTSCHER VERLAG · KÖLN UND OPLADEN

HEFT 219
Prof. Dr. W. Fuchs, Aachen
Untersuchungen zur Holzabfallverwertung und zur Chemie des Lignins
1955, 54 Seiten, 11 Abb., 15 Tabellen DM 11,40

HEFT 220
Prof. Dr. W. Fuchs, Aachen
Die Entwicklung neuer Regel- und Kontroll-Apparate zur coulometrischen Analyse
1956, 76 Seiten, 17 Abb. 23 Tabellen, DM 15,50

HEFT 221
Dr. W. Meyer-Eppler, Bonn
Experimentelle Untersuchungen zum Mechanismus von Stimme und Gehör in der lautsprachlichen Kommunikation *1955, 56 Seiten, 24 Abb., DM 13,45*

HEFT 222
Dr. L. Köllner, Münster, und Dipl.-Volkswirt M. Kaiser, Bochum
Die internationale Wettbewerbsfähigkeit der westdeutschen Wollindustrie *1956, 214 Seiten, DM 39,50*

HEFT 223
Dr.-Ing. K. Alberti und Dr. F. Schwarz, Köln
Über das Problem Hartbrand-Weichbrand
1956, 54 Seiten, 25 Abb., 14 Tabellen, DM 12,10

HEFT 224
Dipl.-Ing. H. Stüdemann und Ing. R. Beu, Solingen
Verfahren zur Prüfung der Korrosionsbeständigkeit von Messerklingen aus rostfreiem Stahl
1956, 82 Seiten, 28 Abb., DM 16,90

HEFT 225
Dr.-Ing. E. Barz, Remscheid
Der Spannungszustand von Gattersägeblättern
1956, 74 Seiten, 54 Abb., DM 16,50

HEFT 226
Technisch-wissenschaftliches Büro für die Bastfaserindustrie, Bielefeld
Untersuchungen zur Verbesserung des Leinenwebstuhles IV
Die Wirkung verschiedener Kettbaumbremsen auf die Verwebung von Leinengarnen
1956, 64 Seiten, 9 Abb., 4 Tabellen, DM 13,50

HEFT 227
Prof. Dr. F. Wever, Düsseldorf und Dr. W. Wepner, Köln
Untersuchung der Alterungsneigung von weichen unlegierten Stählen durch Härteprüfung bei Temperaturen bis 300 Grad C
1956, 34 Seiten, 20 Abb., 3 Tabellen, DM 7,95

HEFT 228
Prof. Dr. F. Wever, Dr. W. Koch, Düsseldorf, und Dr. B. A. Steinkopf, Dortmund
Spektrochemische Grundlagen der Analyse von Gemischen aus Kohlenmonoxyd, Wasserstoff und Stickstoff *1956, 42 Seiten, 18 Abb., 1 Tabelle, DM 9,90*

HEFT 229
Prof. Dr. F. Wever, Dr. W. Koch und Dr.-Ing. H. Malissa, Düsseldorf
Über die Anwendung disubstituierter Dithiocarbamate der analytischen Chemie
1956, 44 Seiten, 30 Abb., 5 Tabellen, DM 10,50

HEFT 230
Prof. Dr. F. Wever, Düsseldorf, und Dr. W. Wepner, Köln
Bestimmung kleiner Kohlenstoffgehalte im Alpha-Eisen durch Dämpfungsmessung
1956, 34 Seiten, 5 Abb., 2 Tabellen, DM 7,70

HEFT 231
Dr.-Ing. W. Küch, Dortmund
Über die Wechselwirkung zwischen Holzschutzbehandlung und Verleimung
1956, 48 Seiten, 10 Abb., 8 Tabellen, DM 10,40

HEFT 232
Prof. Dr.-Ing. O. Kienzle, Hannover, und Dr.-Ing. H. Münnich, Schweinfurt
Feststellung der Spannungen und Dehnungen und Bruchdrehzahlen der unter Fliehkraft und Bearbeitungskraft beanspruchten Schleifkörper
in Vorbereitung

HEFT 233
Dr. H. Haase, Hamburg
Infrarot-Bibliographie *1956, 90 Seiten, DM 17,80*

HEFT 234
Dr.-Ing. K. G. Speith und Dr.-Ing. A. Bungeroth, Duisburg
Versuche zur Steigerung des Kokillen-Schluckvermögens beim Stranggießen von Stahl
1956, 26 Seiten, 5 Abb., DM 6,15

HEFT 235
Prof. Dr.-Ing. K. Leist und Dipl.-Ing. W. Dettmering, Aachen
Turbinenschaufeln aus Kunststoff für Kaltluftversuchsanlagen
1956, 46 Seiten, 43 Abb., 3 Tabellen, DM 12,30

HEFT 236
Dr.-Ing. O. Viertel und S. Lucas, Krefeld
Ergebnisse einer Hausfrauenbefragung über Wascheinrichtungen und Waschmethoden in städtischen Haushaltungen
1956, 34 Seiten, 4 Abb., DM 7,60

HEFT 237
Dr. P. Endler und Dr. H. Ludes, Köln
Bericht über eine Studienreise zur Orientierung der heutigen Behandlung der Lungentuberkulose in den Vereinigten Staaten von Nordamerika
1956, 32 Seiten, DM 7,10

HEFT 238
Institut für textile Meßtechnik, M.-Gladbach, e. V.
Untersuchungen der Verzugsvorgänge an den Streckwerken verschiedener Spinnereimaschinen. 3. Bericht: Theoretische Betrachtungen über den Einfluß schlagender Zylinder und Druckrollen
1956, 66 Seiten, 21 Abb., DM 14,10

HEFT 239
Prof. Dr.-Ing. K. Leist, Dipl.-Ing. H. Scheele, Aachen, und Dipl.-Ing. F. H. Flottmann, Herne
Versuche an einem neuartigen luftgekühlten Hochleistungs-Kolbenkompressor
1956, 72 Seiten, 19 Abb., 7 Tabellen, DM 14,40

HEFT 240
Prof. Dr.-Ing. K. Leist und Dipl.-Ing. H. Scheele, Aachen
Temperaturmessungen an einem einstufigen luftgekühlten 4-Zylinder-Kolbenkompressor mit Kühlgebläse *1956, 74 Seiten, 36 Abb., DM 14,80*

HEFT 241
Prof. Dr.-Ing. K. Leist und Dipl.-Ing. M. Pötke, Aachen
Leistungsversuche an einem Kühlluftgebläse
1956, 60 Seiten, 13 Abb., DM 11,70

HEFT 242
Prof. Dr.-Ing. K. Leist und Dipl.-Ing. K. Graf, Aachen
Straßenfahrzeuge mit Gasturbinenantrieb
1956, 82 Seiten, 63 Abb., DM 17,20

HEFT 243
Prof. Dr.-Ing. K. Leist und Dipl.-Ing. S. Förster, Aachen
Die französische Kleingasturbine Artouste — 1. Teil
1956, 80 Seiten, 41 Abb., DM 15,85

HEFT 244
Prof. Dr. F. Wever, Dr. W. Koch und Dr. S. Eckhard, Düsseldorf
Erfahrungen mit der spektrochemischen Analyse von Gefügebestandteilen des Stahles
1956, 32 Seiten, 8 Abb., 2 Tabellen, DM 7,80

HEFT 245
Prof. Dr.-Ing. habil. K. Krekeler, Aachen
Das Verbinden von Metallen durch Kunstharzkleber. Teil I: Eigenschaften und Verwendung der Metallklebstoffe *1956, 48 Seiten, 8 Abb., DM 10,25*

HEFT 246
Prof. Dr.-Ing. habil. K. Krekeler, Aachen
Das Verbinden von Metallen durch Kunstharzkleber. Teil II: Untersuchungen an geklebten Leichtmetall-Verbindungen *1956, 80 Seiten, 40 Abb., DM 17,50*

HEFT 247
Dr. H. Söhngen, Darmstadt
Strömung vor einem Überschall-Laufrad
1956, 26 Seiten, 4 Abb., DM 7,60

HEFT 248
Rheinische Aktiengesellschaft für Braunkohlenbergbau und Brikettfabrikation, Köln
Untersuchung der Bindemitteleigenschaften von Braunkohlenfilteraschen
1956, 176 Seiten, 26 Abb., 30 Tabellen, DM 35,60

HEFT 249
Dr. M.-E. Meffert, Essen
Weitere Kulturversuche Scenedesmus obliquus
1956, 36 Seiten, 5 Abb., 10 Tabellen, DM 8,—

HEFT 250
Dr. F. Schwarz und Dr.-Ing. K. Alberti, Köln
Entwicklung von Untersuchungsverfahren zur Gütebeurteilung von Industriekalken
1956, 36 Seiten, 9 Abb., DM 16,50

HEFT 251
Prof. Dr. H. Bittel, Münster
Zur Statistik der ferromagnetischen Elementarvorgänge und ihren Einfluß auf das Barkhausenrauschen
1956, 52 Seiten, 14 Abb., DM 11,65

HEFT 252
Dipl.-Ing. H. Frings, Geilenkirchen
Die Wirkung abfallender Wetterführung auf Wettertemperatur, Grubengasgehalt und Staubbildung
1957, 126 Seiten, 23 Abb., 13 Falttafeln, 38 Tab., DM 35,70

HEFT 253
Dipl.-Ing. S. Schirmanski, Berghausen
Stand und Auswertung der Forschungsarbeiten über Temperatur- und Feuchtigkeitsgrenzen bei der bergmännischen Arbeit
1957, 80 Seiten, 24 Abb., 12 Tab., DM 17,10

HEFT 254
Prof. Dr. R. Danneel, Bonn
Quantitative Untersuchungen über die Entwicklung des Ehrlich-Ascitestumors bei Inzuchtmäusen
1956, 52 Seiten, 17 Tabellen, DM 11,75

HEFT 255
Ing. B. v. Schlippe, Bad Nauheim
Strömung von Flüssigkeiten mit temperaturabhängiger Zähigkeit (Kühlung von Öfen)
1956, 54 Seiten, 12 Abb., 4 Tabellen, DM 11,70

HEFT 256
Prof. Dr. C. Schmieden und Dipl.-Math. K. H. Müller, Darmstadt
Die Strömung einer Quellstrecke im Halbraum — eine strenge Lösung der Navier-Stokes-Gleichungen
1956, 40 Seiten, 9 Abb., DM 8,80

HEFT 257
Prof. Dr. G. Lehmann und Dr. J. Tamm, Dortmund
Die Beeinflussung vegetativer Funktionen des Menschen durch Geräusche
1956, 48 Seiten, 25 Abb., 3 Tabellen, DM 11,20

HEFT 258
Dr. H. Paul, Linz (Rhein), und Prof. Dr. O. Graf, Dortmund
Zur Frage der Unfälle im Bergbau
1956, 52 Seiten, 9 Abb., 22 Tabellen, DM 11,20

HEFT 259
Prof. D. W. Linke, Aachen
Strömungsvorgänge in künstlich belüfteten Räumen
1956, 52 Seiten, 37 Abb., 1 Tabelle, DM 11,80

HEFT 260
Prof. Dr. W. Kast, Freiburg (Br.), Prof. Dr. A. H. Stuart und Dipl.-Phys. H. G. Fendler, Hannover
Lichtzerstreuungsmessungen an Lösungen hochpolymerer Stoffe
1956, 70 Seiten, 25 Abb., 5 Tabellen, DM 15,60

HEFT 261
Prof. Dr. W. Kast, Freiburg (Br.)
Feinstruktur-Untersuchungen an künstlichen Zellulosefasern verschiedener Herstellungsverfahren.
Teil II: Der Kristallisationszustand
1956, 80 Seiten, 27 Abb., 11 Tabellen, DM 17,20

HEFT 262
Dr.-Ing. W. Batel, Aachen
Untersuchungen zur Absiebung feuchter, feinkörniger Haufwerke und Schwingsieben
1956, 100 Seiten, 45 Abb., 5 Tabellen, DM 23,40

HEFT 263
Prof. Dr. H. Lange und Dipl.-Phys. R. Kohlhaas, Köln
Über die Wärmeleitfähigkeit von Stählen bei hohen Temperaturen: Teil I: Literaturbericht
1956, 48 Seiten, 26 Abb., 8 Tabellen, DM 10,70

HEFT 264
Prof. Dr. W. Weizel, Bonn
Durch schnelle Funkenzusammenbrüche ausgelöste Signale auf einer Leitung
1956, 26 Seiten, 4 Abb., 3 Tabellen, DM 6,10

HEFT 265
Prof. Dr. F. Micheel und Dr. R. Engel, Münster
Eine Apparatur zur elektrophoretischen Trennung von Stoffgemischen
1956, 38 Seiten, 21 Abb., DM 9,20

HEFT 266
Fliesen-Beratungsstelle Bad Godesberg-Mehlem
Güteeigenschaften keramischer Wand- und Bodenfliesen und deren Prüfmethoden
1956, 32 Seiten, DM 7,10

HEFT 267
Prof. Dr. W. Weizel und B. Brandt, Bonn
Zur Stabilität stromstarker Glimmentladungen
1956, 36 Seiten, 7 Abb., DM 8,40

WESTDEUTSCHER VERLAG · KÖLN UND OPLADEN

HEFT 268
Prof. Dr.-Ing. G. Vogelpohl, Göttingen
Über die Tragfähigkeit von Gleitlagern und ihre Berechnung
1956, 76 Seiten, 24 Abb., 7 Tabellen, DM 16,85

HEFT 269
Markscheider R. Bals, Bochum
Eignung des Gebirgsankerausbaus zur Erleichterung des Streckenvortriebs im Steinkohlenbergbau
1956, 84 Seiten, 41 Abb., DM 18,75

HEFT 270
Dr. H. Krebs und Mitarbeiter, Bonn
Die Trennung von Racematen auf chromatographischem Wege
1956, 62 Seiten, 18 Tabellen, DM 12,95

HEFT 271
Prof. Dr.-Ing. H. Opitz und Dipl.-Ing. H. Axer, Aachen
Beeinflussung des Verschleißverhaltens bei spanenden Werkzeugen durch flüssige und gasförmige Kühlmittel und elektrische Maßnahmen
1956, 46 Seiten, 28 Abb., DM 10,70

HEFT 272
Prof. Dr. W. Fuchs und Dr. H. Dresia, Aachen
Untersuchungen über die Schnellverbrennung und Schnellvergasung fester Brennstoffe
1956, 56 Seiten, 14 Abb., 3 Tabellen, DM 11,90

HEFT 273
Fa. K. W. Tacke G.m.b.H., Wuppertal-Barmen
Erfahrungen beim Verspinnen von Perlonfasern und bei der Herstellung von Trikotagen aus gesponnenem Perlon
1956, 36 Seiten, DM 7,90

HEFT 274
Prof. Dr.-Ing. K. Krekeler, Aachen
Qualitative Untersuchungen bei Verbindungsschweißungen mittels Lichtbogenschweißautomaten unter Verwendung von Blankdraht und Zugabe von ferromagnetischem Pulver als Umhüllung
1956, 68 Seiten, 40 Abb., 8 Tabellen, DM 15,45

HEFT 275
Prof. Dr.-Ing. habil. K. Krekeler, Aachen, und Dipl.-Ing. H. Verhoeven, Aachen
Quantitative Untersuchungen an Punktschweißverbindungen an Tiefzieh- und Aluminiumblechen, die nach dem Argonarc-Punktschweißverfahren hergestellt werden
1956, 64 Seiten, 45 Abb., DM 14,60

HEFT 276
Fa. E. Haage, Mülheim (Ruhr)
Entwicklungsarbeiten im Apparatebau für Laboratorien
1956, 48 Seiten, 18 Abb., DM 10,50

HEFT 277
Dr.-Ing. W. Müchler, Essen
Untersuchung und zahlenmäßige Bestimmung der Schneideigenschaften von Messern mit besonderer Berücksichtigung rostfreier Messerstähle
1956, 60 Seiten, 27 Abb., 5 Tabellen, DM 13,20

HEFT 278
Dipl.-Ing. J. Stelter und Dipl.-Ing. H. Kickert, Aachen
I. Sichtbarmachung von Ultraschallfeldern unter Verwendung photographischer Emulsionsschichten
II. Methode zur Bestimmung der wirklichen Temperaturverhältnisse in Flüssigkeiten während der Beschallung (Nach einer Diplom-Arbeit von H. Schnitzler)
1956, 54 Seiten, 24 Abb., DM 12,75

HEFT 279
Dr. F. Keune, Aachen
Der gewölbte und verwundene Tragflügel ohne Dicke in Schallnähe
1956, 42 Seiten, 15 Abb., DM 9,25

HEFT 280
Dipl.-Ing. J. Stelter und Dipl.-Ing. E. Pfende, Aachen
Über Störerscheinungen bei Schallgeschwindigkeitsmessungen mittels der Interferometermethode
1956, 42 Seiten, 13 Abb., DM 9,60

HEFT 281
Prof. Dr.-Ing. K. Lürenbaum, Aachen
Der Meßwagen des Instituts für Maschinen-Dynamik der Deutschen Versuchsanstalt für Luftfahrt, Aachen
1956, 34 Seiten, 17 Abb., DM 8,60

HEFT 282
Bergrat a. D. Scherer, Bochum
Das B. T.-Schwelverfahren und seine Anwendung auf der Anlage Marienau
1956, 44 Seiten, 7 Abb., DM 9,60

HEFT 283
Prof. Dr. F. Wever und Dr.-Ing. W. Lueg, Düsseldorf
Warmstauchversuche zur Ermittlung der Formänderungsfestigkeit von Gesenkschmiede-Stählen
1956, 44 Seiten, 19 Abb., DM 9,90

Heft 284
Prof. Dr. F. Wever, Düsseldorf, Dr.-Ing. H. J. Wiester, Essen, Dr.-Ing. F. W. Straßburg, Duisburg, Prof. Dr.-Ing. H. Opitz, Aachen, und Dr.-Ing. K. H. Fröhlich, Köln
Einfluß des Gefüges auf die Zerspanbarkeit von Einsatz- und Vergütungsstählen
1957, 88 Seiten, 126 Abb., 11 Tab., DM 22,45

HEFT 285
Prof. Dr.-Ing. O. Kienzle, Dr.-Ing. K. Lange, Hannover, und Dipl.-Ing. H. Meinert, Osterode
Einfluß der Oberfläche auf das Verschleißverhalten von Schmiedegesenken
1956, 62 Seiten, 29 Abb., 8 Tabellen, DM 14,60

HEFT 286
Dr.-Ing. K. Lange, Hannover, Dipl.-Ing. H. Meinert, Osterode, unter Mitarbeit von Dr.-Ing. H. Arend, Mülheim (Ruhr)
Verschleißverhalten hartverchromter Schmiedegesenke
1956, 74 Seiten, 53 Abb., 6 Tabellen, DM 17,65

HEFT 287
Prof. Dr.-Ing. habil. K. Krekeler, Aachen
Änderungen der mechanischen Eigenschaftswerte thermoplastischer Kunststoffe bei Beanspruchung in verschiedenen Medien
1956, 62 Seiten, 23 Abb., 5 Tabellen, DM 13,70

HEFT 288
Dr. K. Brücker-Steinkuhl, Düsseldorf
Anwendung mathematisch-statischer Verfahren in der Industrie
1956, 103 Seiten, 27 Abb., 14 Tabellen, DM 24,20

HEFT 289
Prof. Dr.-Ing. H. Winterhager, Aachen
Kombinierter Widerstands- und Lichtbogen-Vakuumofen zur Verarbeitung von Titanschwamm
Prof. Dr. Dr. h. c. R. Schwarz, Aachen
Erforschung neuer Wege zur Darstellung von Titanmetall
1957, 42 Seiten, 18 Abb., DM 9,70

HEFT 290
Dr. D. Horstmann, Düsseldorf
I. Der verstärkte Angriff des Zinks auf Eisen im Temperaturgebiet um 500° C
II. Einfluß eines Antimongehaltes auf den Angriff von Zinkschmelzen auf Eisen
1956, 48 Seiten, 33 Abb., 3 Tabellen, DM 11,90

HEFT 291
Dr.-Ing. H. J. Wiester und Dr. D. Horstmann, Düsseldorf
Der Angriff eisengesättigter Zinkschmelzen auf silizium- und manganhaltiges Eisen
1956, 52 Seiten, 45 Abb., 8 Tabellen, DM 12,60

HEFT 292
Dipl.-Ing. W. Rohs und Text.-Ing. H. Griese, Bielefeld
Webversuche an Leinenwebstühlen mit verbesserter Schaftbewegung
1956, 34 Seiten, 3 Abb., 2 Tabellen, DM 7,60

HEFT 293
Prof. J. W. Korte, unter Mitarbeit von Dipl.-Ing. P. A. Mäcke und Dipl.-Ing. W. Leutzbach, Aachen
Die Leistungsfähigkeit von Verkehrsanlagen des motorisierten städtischen Straßenverkehrs
1956, 98 Seiten, 35 Abb., 5 Tabellen, 1 Falttafel, DM 22,50

HEFT 294
Dipl.-Ing. B. Naendorf, Essen
Untersuchungen industrieller Gasbrenner
1956, 58 Seiten, 6 Abb., 3 Tabellen, DM 12,40

HEFT 295
Prof. Dr.-Ing. H. Opitz und Dipl.-Ing. H. Axer, Aachen
Untersuchung und Weiterentwicklung neuartiger elektrischer Bearbeitungsverfahren
1956, 42 Seiten, 27 Abb., DM 10,30

HEFT 296
Prof. Dr.-Ing. H. Opitz, Aachen
I. Untersuchungen an elektronischen Regelantrieben
II. Statische Untersuchungen zur Ausnutzung von Drehbänken
1956, 46 Seiten, 18 Abb., DM 10,40

HEFT 297
Dr. K. Schaarwächter, Düsseldorf
Die Reduktion von Siliziumtetrachlorid im Lichtbogen zur nachfolgenden Silizierung von Eisenblechen
1958, 30 Seiten, 12 Abb., DM 8,20

HEFT 298
Prof. Dr.-Ing. E. Oehler, Aachen
Untersuchung von kritischen Drehzahlen, die durch Kreiselmomente verursacht werden
1956, 50 Seiten, 35 Abb., DM 13,15

HEFT 299
Dr. J. Fassbender und W. Hoppe, Bonn
Eine photoelektrische Nachlaufeinrichtung für Analogie-Rechenmaschinen
1956, 20 Seiten, 8 Abb., DM 7,65

HEFT 300
Prof. Dr. E. Schütz und Privatdozent Dr. H. Caspers, Münster
Tierexperimentelle Untersuchungen über die Alkoholwirkungen auf Erregbarkeit und bioelektrische Spontanaktivität der Hirnrinde
1956, 44 Seiten, 6 Abb., 1 Tabelle, DM 9,55

HEFT 301
Prof. Dr. W. Weltzien, Dr. G. Cossmann und P. Diehl, Krefeld
Über die fraktionierte Füllung von Polyamiden (II)
1956, 54 Seiten, 1 Abb., 16 Tabellen, DM 11,30

HEFT 302
Prof. Dr.-Ing. W. Wegener und Dipl.-Ing. W. Zahn, Aachen
Untersuchungen von gesponnenen Garnen auf ihre Gleichmäßigkeit nach verschiedenen Meßmethoden
1957, 58 Seiten, 34 Abb., DM 15,20

HEFT 303
Prof. Dr. Ing. S. Kiesskalt, Aachen
Das Institut der Forschungsgesellschaft Verfahrenstechnik e. V. an der Technischen Hochschule Aachen
1956, 76 Seiten, 20 Abb., 3 Tabellen, DM 16,40

HEFT 304
Prof. Dr.-Ing. K. Krekeler, Düsseldorf, und Dipl.-Ing. A. Kleine-Albers, Aachen
Beitrag zur thermoelastischen Warmformbarkeit von Hart-PVC
1957, 72 Seiten, 29 Abb., DM 17,70

HEFT 305
Prof. Dr.-Ing. K. Krekeler, Düsseldorf, Dr.-Ing. H. Peukert, Aachen, und Dipl.-Ing. W. Schmitz, Siegburg
Heißgas-Schweißung von Hart-Polyvinylchlorid mit Zusatzwerkstoff
1956, 44 Seiten, 27 Abb., 5 Tabellen, DM 12,50

HEFT 306
Prof. Dr. B. Rensch, Münster
Elektrophysiologische Untersuchungen zur Analysierung der Bildung von Assoziationen und Gedächtnisspuren in Gehirn und Rückenmark
Prof. Dr. A. Loeser, Münster
Akute und chronische Giftwirkungen sauerstoffhaltiger Lösungsmittel
1956, 36 Seiten, 9 Abb., DM 8,90

HEFT 307
Privatdozent Dr. J. Juilfs, Krefeld
Vergleichende Untersuchungen zur elastischen und bleibenden Dehnung von Fasern
1956, 36 Seiten, 11 Abb., DM 8,30

HEFT 308
Privatdozent Dr. J. Juilfs, Krefeld
Zur Messung der Fadenglätte
1956, 22 Seiten, 10 Abb., 2 Tabellen, DM 8,—

HEFT 309
Prof. Dr. K. Cruse und Mitarbeiter, Clausthal-Zellerfeld
Aufbau und Arbeitsweise eines universell verwendbaren Hochfrequenz-Titrationsgerätes
1957, 48 Seiten, 29 Abb., DM 11,90

HEFT 310
Dr. P. F. Müller, Bonn
Die Integrieranlage des Rheinisch-Westfälischen Instituts für Instrumentelle Mathematik in Bonn
1956, 62 Seiten, 6 Abb., 30 Satzskizzen, DM 14,45

HEFT 311
Prof. Dr. F. Wever und Dr. M. Hempel, Düsseldorf
Dauerschwingfestigkeit von Stählen bei erhöhten Temperaturen
Teil I: Erkenntnisse aus bisherigen Dauerschwingversuchen in der Wärme
1956, 48 Seiten, 19 Abb., 2 Tabellen, DM 10,90

HEFT 312
Prof. Dr. F. Wever und Dr. M. Hempel, Düsseldorf
Dauerschwingfestigkeit von Stählen bei erhöhten Temperaturen
Teil II: Zug-Druck-Dauerschwingversuche an zwei warmfesten Stählen bei Temperaturen von 500 bis 650°
1956, 48 Seiten, 20 Abb., 3 Tabellen, DM 13,—

HEFT 313
*Prof. Dr. F. Wever, Dr. W. Koch und
Dipl.-Phys. H. Rohde, Düsseldorf*
Änderungen des Habitus und der Gitterkonstanten des Zementits in Chromstählen bei verschiedenen Wärmebehandlungen
1956, 88 Seiten, 29 Abb., 8 Tabellen, DM 20,90

HEFT 314
Prof. Dr. F. Wever, Dr.-Ing. A. Krisch, Düsseldorf, und Dr.-Ing. H.-J. Wiester, Essen
Veränderungen im Gefügeaufbau von Chrom-Nickel-Molybdän-Stählen bei langzeitiger Beanspruchung im Zeitstandversuch bei 500°
1956, 48 Seiten, 26 Abb., 5 Tabellen, DM 11,70

HEFT 315
Prof. Dr. F. Wever und Dr.-Ing. A. Krisch, Düsseldorf
Metallkundliche Untersuchungen an Zeitstandproben
1956, 38 Seiten, 12 Abb., DM 9,15

HEFT 316
Dr. F. Keune, Aachen
Zusammenfassende Darstellung und Erweiterung des Aequivalenzsatzes für schallnahe Strömung
1956, 80 Seiten, 22 Abb., DM 17,90

HEFT 317
Dr.-Ing. J. Stelter, Aachen
Mikrobiologische Ultraschallwirkungen
1957, 106 Seiten, 41 Abb., 12 Tab., DM 23,90

HEFT 318
Dipl.-Ing. H. Kickert, Aachen
Über die Ausbreitung von Ultraschall in Luft
1957, 78 Seiten, 51 Abb., 7 Tab., DM 19,20

HEFT 319
Prof. Dr. C. Kröger, Aachen
Gemengereaktionen und Glasschmelze
1957, 118 Seiten, 53 Abb., 16 Tab., DM 26,—

HEFT 320
Dr. H.-E. Caspary, Köln
Verwendung von Szintillationszählern an Stelle von Zählrohren zur zerstörungsfreien Materialprüfung
1956, 42 Seiten, 13 Abb., 2 Tabellen, DM 10,10

HEFT 321
Prof. Dr. F. Wever, Düsseldorf, und Dr. W. Wepner, Köln
Gleichzeitige Bestimmung kleiner Kohlenstoff- und Stickstoffgehalte im α-Eisen durch Dämpfungsmessung
1956, 30 Seiten, 3 Abb., 4 Tabellen, DM 6,80

HEFT 322
Prof. Dr.-Ing. F. Bollenrath und Dipl.-Ing. W. Domke, Aachen
Eigenspannungen in vergüteten, dickwandigen Stahlzylindern nach Oberflächenhärtung mit induktiver Erwärmung
1956, 30 Seiten, 9 Abb., 2 Tabellen, DM 6,90

HEFT 323
Prof. Dr. R. Seyffert, Köln
Wege und Kosten der Distribution der Textilien, Schuh- und Lederwaren
1956, 98 Seiten, 37 Tabellen, 1 Falttaf., DM 12,—

HEFT 324
Dr.-Ing. H. Opitz, Dr.-Ing. E. Saljé und Dipl.-Ing. K. E. Schwartz, Aachen
Richtwerte für das Außenrund-Längs- und Einstechschleifen
1956, 62 Seiten, 44 Abb., 2 Tabellen, DM 13,85

HEFT 325
Prof. Dr. E. Schratz, Münster
Pharmakognostische Untersuchungen am Medizinal-Rhabarber
1957, 62 Seiten, 29 Abb., 3 Tabellen, DM 17,90

HEFT 326
Prof. Dr.-Ing. E. Essers und Mitarbeiter, Aachen
Deichselkräfte an Lastzügen
1957, 96 Seiten, 34 Abb., DM 22,10

HEFT 327
Prof. Dr.-Ing. habil. K. Krekeler und Dr.-Ing. H. Peukert, Aachen
Beitrag zur thermoelastischen Formbarkeit von Polyäthylen
1956, 56 Seiten, 49 Abb., 9 Tabellen, DM 12,80

HEFT 328
Dr. H. Maeder, Belo Horizonte
Schweißen von Temperguß
1957, 92 Seiten, 59 Abb., 42 Tabellen, DM 25,50

HEFT 329
Dipl.-Ing. A. Krüger, Karlsruhe, und Feuerwehr-Ing. R. Radusch, Dortmund
Wasserzerstäubung im Strahlrohr
1956, 86 Seiten, 21 Abb., 3 Tabellen, DM 18,65

HEFT 330
Dipl.-Physiker E. Pepping, Aachen
Die Durchflußzahl des Rechteckschlitzes in einer sehr großen Wand
1957, 54 Seiten, 21 Abb., DM 12,35

HEFT 331
Dipl.-Ing. G. Bretschneider, Ruit
Die Messung der wiederkehrenden Spannung mit Hilfe des Netzmodelles
1957, 46 Seiten, 21 Abb., 2 Tab., DM 11,20

HEFT 332
Prof. Dr.-Ing. R. Jaeckel und Dr. G. Reich, Bonn
Messung von Dampfdrucken im Gebiet unter 10^{-2} Torr
1956, 42 Seiten, 16 Abb., 2 Tabellen, DM 10,40

HEFT 333
Prof. Dipl.-Ing. W. Sturtzel und Dr.-Ing. W. Graff, Duisburg
I. Der Flachwassereinfluß auf den Form- und Reibungswiderstand von Binnenschiffen
II. Der Flachwassereinfluß auf die Nachstrom- und Sogverhältnisse bei Binnenschiffen
1956, 44 Seiten, 14 Abb., DM 9,80

HEFT 334
Prof. Dr. W. Weizel und Dr. G. Meister, Bonn
Spektralanalyse durch Messung des Interferenz-Kontrastes
1956, 42 Seiten, DM 9,30

HEFT 335
Prof. Dr. W. Weizel und H. Hornberg, Bonn
Untersuchungen der anodischen Teile einer Glimmentladung
1957, 62 Seiten, 14 Farbabb., 21 Abb., 1 Tab., DM 32,80

HEFT 336
Dr. Tung-ping Yao, Aachen
Die Viskosität metallischer Schmelzen
1957, 64 Seiten, 28 Abb., 2 Tab., DM 14,40

HEFT 337
Dr. R. Hoeppener und Dr. W. Bierther, Bonn
Tektonik und Lagestätten im Rheinischen Schiefergebirge
1957, 66 Seiten, 14 Abb., DM 16,25

HEFT 338
Prof. Dr.-Ing. W. Wegener, Aachen, und Dipl.-Ing. J. Schneider, M.-Gladbach
Die Bedeutung der Knotenart für die Herabminderung der Fadenbrüche
1957, 40 Seiten, 6 Abb., DM 9,80

HEFT 339
Prof. Dr.-Ing. W. Wegener und Dipl.-Ing. W. Zahn, Aachen
Vergleich des normalen mit verschiedenen abgekürzten Baumwollspinnverfahren in bezug auf Gleichmäßigkeit und Sortierungsstreuung der Garne
1956, 56 Seiten, 17 Abb., 17 Tabellen, DM 12,70

HEFT 340
Dipl.-Ing. W. Rohs und Dipl.-Ing. R. Otto, Bielefeld
Das Naßspinnen von Bastfasergarnen mit Spinnbadzusätzen unter Ausnutzung einer zentralen Spinnwasserversorgungsanlage
1956, 56 Seiten, 2 Abb., 6 Tabellen, DM 11,60

HEFT 341
Prof. Dr.-Ing. H. Winterhager und Dipl.-Ing. L. Werner, Aachen
Präzisions-Meßverfahren zur Bestimmung des elektrischen Leitvermögens geschmolzener Salze
1956, 44 Seiten, 19 Abb., 1 Tabelle, DM 10,60

HEFT 342
Prof. Dr.-Ing. H. Winterhager und Dipl.-Ing. W. Barthel, Aachen
Die Gewinnung von Titanschlackenkonzentraten aus eisenreichen Ilmeniten
1957, 60 Seiten, 30 Abb., 6 Tab., DM 13,30

HEFT 343
Prof. Dr.-Ing. W. Petersen, Aachen, und Dipl.-Ing. S. Wawroschek, Aachen
Die zweckmäßigsten Gütebestimmungsverfahren und Brikettierungsbedingungen bei der Erzeugung von Braunkohlen-Eisenerz-Briketts
1956, 64 Seiten, 28 Abb., DM 13,95

HEFT 344
Prof. Dr.-Ing. W. Fucks, Aachen
Zur Deutung einfachster mathematischer Sprachcharakteristiken
1956, 38 Seiten, 12 Abb., DM 7,80

HEFT 345
Dipl.-Ing. G. Cerbe und Dipl.-Ing. H. Monstadt, Essen
Konvektive Trocknung mit gasbeheizter Luft und Trocknung durch Gasstrahler
1957, 46 Seiten, 16 Abb., DM 10,40

HEFT 346
Dipl.-Ing. O. Arnold, Aachen
Erfahrungen mit Kernbohrungen zur Lagerstättenuntersuchung im Erzbergbau
1957, 36 Seiten, 2 Abb., 3 Falttaf. 6 Tab., DM 8,80

HEFT 347
S. Ruff, F. Kipp, H. Hansteen und G. Müller, Bonn
Untersuchungen zur Frage der Gehörschädigungen des fliegenden Personals der Propellerflugzeuge
1957, 50 Seiten, 27 Abb., 3 Tab., DM 11,10

HEFT 348
Prof. Dr.-Ing. E. Piwowarsky und Dr.-Ing. E. G. Nickel, Aachen
Metallurgie eines hochwertigen Gußeisens mit kompakter bis kugelförmiger Graphitausbildung
1957, 54 Seiten, 27 Abb., 5 Tab., DM 13,30

HEFT 349
Dr.-Ing. W. A. Fischer, Dr.-Ing. H. Treppschuh und Dr.-Ing. K. H. Köthemann, Düsseldorf
Tiegel aus Schmelzmagnesia für Vakuuminduktionsöfen
1957, 34 Seiten, 14 Abb., DM 8,40

HEFT 350
Prof. Dr.-Ing. habil. K. Krekeler und Dr.-Ing. H. Peukert, Aachen
Das Spannungsverhalten der Kunststoffe bei der Verarbeitung
1958, 32 Seiten, 12 Abb., DM 20,—

HEFT 351
Prof. Dr.-Ing. H. Opitz, Dipl.-Ing. H. Axer und Dipl.-Ing. H. Rhode, Aachen
Zerspanbarkeit hochwarmfester und nichtrostender Stähle. Teil I
1957, 96 Seiten, 73 Abb., 2 Tab., DM 21,80

HEFT 352
Dipl.-Ing. H. Fauser, Aachen
Fahrdynamik und Batterie-Arbeitsverbrauch von Akkumulatorenlokomotiven im Untertagebetrieb
1957, 152 Seiten, 78 Abb., DM 36,10

HEFT 353
Forschungsinstitut für Rationalisierung, Aachen
Schlagwortregister zur Rationalisierung
1957, 376 Seiten, DM 56,—

HEFT 354
Dipl.-Ing. D. Wagener, Aachen
Auswirkungen neuer Gaserzeugungs-Verfahren unter Berücksichtigung der Auswirkung auf den Kokereibetrieb
in Vorbereitung

HEFT 355
Prof. Dr.-Ing. habil. K. Krekeler, Dr.-Ing. H. Peukert und Dipl.-Ing. A. Kleine-Albers, Aachen
Heißgas-Schweißungen von Weich-Polyvinylchlorid mit Zusatzwerkstoff
1957, 44 Seiten, 19 Abb., DM 11,—

HEFT 356
Dipl.-Phys. G. Gurke, Aachen
Aufbau einer Meßanlage für Untersuchungen elektrischer Gasentladung im Bereiche großer p. d.-Werte
1956, 38 Seiten, 13 Abb., DM 8,65

HEFT 357
Prof. Dr.-Ing. W. Fucks, Aachen
Mathematische Analyse der Formalstruktur von Musik
1958, 54 Seiten, 29 Abb., 16 Tabellen, DM 13,60

HEFT 358
Prof. Dr. rer. nat. W. Weltzien, Dipl.-Chem. P. Ringel und Text.-Ing. H. Kirchhoff, Krefeld
Die Waschechtheit von Färbungen. Vergleichende Untersuchungen auf dem Gebiete der Echtheitsprüfung
1958, 62 Seiten, 12 farb. Abb., DM 58,—

HEFT 359
Dr.-Ing. F. J. Meister, Düsseldorf
Veränderung der Hörschärfe, Lautheitsempfindung und Sprachaufnahme während des Arbeitsprozesses bei Lärmarbeitern
1957, 84 Seiten, 11 Abb., 40 Audiogramme, 41 Tab., DM 19,90

HEFT 360
Dr.-Ing. E. Barz, Remscheid
Fertigungsverfahren und Spannungsverlauf bei Kreissägeblättern für Holz
1957, 72 Seiten, 40 Abb., DM 17,—

HEFT 361
Dipl.-Ing. H. F. Klein, Aachen
Die nichtstationären Strömungsvorgänge und der Wärmeübergang in einem Schwingfeuergerät
1957, 84 Seiten, 34 Abb., 4 Falttafeln, DM 25,90

HEFT 362
Prof. Dr. med. G. Lehmann und Dipl.-Phys. D. Dieckmann, Dortmund
Die Wirkung mechanischer Schwingungen (0,5 bis 100 Hertz) auf den Menschen
1957, 100 Seiten, 53 Abb., 6 Tab., DM 22,50

WESTDEUTSCHER VERLAG · KÖLN UND OPLADEN

HEFT 363
Dr.-Ing. U. Domm, Frankenthal (Pfalz)
Über eine Hypothese, die den Mechanismus der Turbulenz-Entstehung betrifft
1956, 28 Seiten, 4 Abb., DM 6,45

HEFT 364
Prof. Dr. Th. Beste, Köln
Die Mehrkosten bei der Herstellung ungängiger Erzeugnisse im Vergleich zur Herstellung vereinheitlichter Erzeugnisse
1957, 352 Seiten, DM 50,—

HEFT 365
Sozialforschungsstelle an der Universität Münster, Dortmund
Standort und Wohnort
1957, Textband: 350 Seiten, 28 Karten, 73 Tab.
Anlageband: 15 Karten, 21 Tab., DM 99,—

HEFT 366
Versuchsanstalt für Binnenschiffbau e. V., Duisburg
Bei Flachwasserfahrten durch die Strömungsverteilung am Boden und an den Seiten stattfindende Beeinflussung des Reibungswiderstandes von Schiffen
1957, 96 Seiten, 39 Abb., 28 Tab., DM 20,40

HEFT 367
Dr. rer. nat. D. Horstmann, Düsseldorf
Der Angriff eisengesättigter Zinkschmelzen auf kohlenstoff-, schwefel- und phosphorhaltiges Eisen
1957, 52 Seiten, 22 Abb., 6 Tab., DM 12,85

HEFT 368
Prof. Dr. phil. H. Kaiser, Dortmund
Entwicklung betriebsmäßiger spektrochemischer Analysenverfahren für technische Gläser
1957, 40 Seiten, 11 Abb., DM 9,10

HEFT 369
Prof. Dr.-Ing. R. Jaeckel und Dipl.-Phys. F. J. Schittko, Bonn
Gasabgabe von Werkstoffen ins Vakuum
1957, 48 Seiten, 20 Abb., 6 Tab., DM 13,30

HEFT 370
Dr. phil. habil. F. Schwarz, Köln
Physikochemische Grundlagen der Bildsamkeit von Kalken unter Einbeziehung des Begriffes der aktiven Oberfläche
in Vorbereitung

HEFT 371
Dr. phil. W. Lejeune, Köln
Beitrag zur statistischen Verifikation der Minderheiten-Theorie
1958, 80 Seiten, 14 Abb., DM 17,90

HEFT 372
Prof. Dr. phil. M. von Stackelberg, Bonn
Untersuchungen zur Ausarbeitung und Verbesserung von polarographischen Analysenmethoden. 2. Bericht
1957, 44 Seiten, 9 Abb., 7 Tab., DM 10,10

HEFT 373
Dipl.-Ing. H. J. Koch, Essen
Druckgasfeuerung — ein Verfahren zum Betrieb von Gasfeuerstätten
1957, 38 Seiten, 8 Abb., 10 Tab., DM 8,50

HEFT 374
Dr. E. Paproth, Krefeld
Paläontologische Bearbeitung der in den devonischen Schichten des Siegerlandes enthaltenen Faunen
1957, 38 Seiten, 3 Tab., DM 8,30

HEFT 375
Technischer Überwachungsverein e. V., Essen
Wanddickenmessungen mittels radioaktiver Strahlen und Zählrohrgerät
1958, 38 Seiten, 15 Abb., DM 9,55

HEFT 376
Technischer Überwachungsverein e. V., Essen
Wasserumlaufprobleme an Hochdruckkesseln
1958, 140 Seiten, 56 Abb., 8 Tabellen DM 32,60

HEFT 377
Technischer Überwachungsverein e. V., Essen
Versuche an Wanderrostkesseln mit befeuchteter Verbrennungsluft
1958, 50 Seiten, 19 Abb., 3 Tabellen, DM 12,20

HEFT 378
Oberingenieur H. Stein, M.-Gladbach
Beobachtung und maßtechnische Erfassung der Vorgänge im Spinn- und Aufwindefeld von Ringspinn- und Ringzwirnmaschinen
1957, 104 Seiten, 88 Abb., 3 Tabellen, DM 26,90

HEFT 379
Laboratorium für textile Meßtechnik, M.-Gladbach
Schußfadenspannung beim Weben
1957, 76 Seiten, 17 Abb., 3 Tabellen, DM 18,60

HEFT 380
Dipl.-Phys. R. Trappenberg, Karlsruhe
Theoretische und experimentelle Untersuchungen zur Staubverteilung einer Rauchfahne
1957, 64 Seiten, 7 Abb., 18 Tabellen, DM 14,90

HEFT 381
Dr. J. Juilfs, Krefeld
Zur Dichtebestimmung von Fasern. Methoden und Beispiele der praktischen Anwendung
1957, 76 Seiten, 34 Abb., 18 Tabellen, DM 17,—

HEFT 382
Dr. phil. habil. P. Hölemann, Ing. R. Hasselmann und Ing. G. Dix, Dortmund
Die Messung von Flammen und Detonationsgeschwindigkeiten bei der explosiven Zersetzung von Acetylen in Rohren
1957, 36 Seiten, 7 Abb., 4 Tab., DM 8,10

HEFT 383
Dr. phil. habil. P. Hölemann und Ing. R. Hasselmann, Dortmund
Verlauf von Azetylenexplosionen in Rohren bei Gegenwart von porösen Massen
1957, 68 Seiten, 10 Abb., 15 Tabellen, DM 16,60

HEFT 384
Prof. Dr.-Ing. H. Opitz, Aachen
Schwingungsuntersuchungen an Werkzeugmaschinen
in Vorbereitung

HEFT 385
Prof. Dr.-Ing. H. Opitz, Aachen
Zerspanbarkeit hochwarmfester und nichtrostender Stähle. Teil II
1957, 86 Seiten, 54 Abb., 5 Tabellen, DM 19,30

HEFT 386
Prof. Dr.-Ing. H. Opitz, Aachen
Standzeituntersuchungen und Verschleißmessungen mit radioaktiven Isotopen
1958, 50 Seiten, 33 Abb., 3 Tabellen, DM 12,75

HEFT 387
Prof. Dr. med. W. Kikuth und Dozent Dr. med. L. Grün, Düsseldorf
Die Verhütung von Infektion durch Desinfektion des Raumes und der Raumluft
1957, 96 Seiten, 14 Abb., 20 Tab., DM 22,50

HEFT 388
Prof. Dr. rer. nat. habil. W. Baumeister und Dr. rer. nat. H. Burghardt, Münster
Die Bedeutung der Elemente Zink und Fluor für das Pflanzenwachstum
1957, 48 Seiten, 17 Tab. DM 10,20

HEFT 389
Prof. Dr.-Ing. habil. H. Fink und K. W. Hoppenhaus, Köln
Die biologische Eiweiß-Synthese von höheren und niederen Pilzen und die alimentäre Lebernekrose der Ratte
1957, 76 Seiten, 2 Abb., 24 Tab., DM 15,60

HEFT 390
Dr.-Ing. J. Endres und Dr.-Ing. G. Hiebel, München
Berechnung der optimalen Leistungen, Kraftstoffverbräuche und Wirkungsgrade von Luftfahrt-Gasturbinen-Triebwerken am Boden und in der Höhe bei Fluggeschwindigkeiten von 0—2000 km/h und bei vorgegebenen Düsenausströmgeschwindigkeiten
1958, 130 Seiten, 16 Abb., DM 24,90

HEFT 391
Prof. Dr. phil. F. Wever, Dr. phil. W. Koch und Dipl.-Chem. F. Stricker, Düsseldorf
Die quantitative spektrographische Analyse von Gasgemischen aus Kohlenmonoxyd, Wasserstoff und Stickstoff
1957, 48 Seiten, 21 Abb., 3 Tab., DM 11,30

HEFT 392
Prof. Dr. phil. F. Wever u. a., Düsseldorf
Untersuchungen über den Konverterrauch im Hinblick auf eine spektrale Überwachung des Thomasprozesses
1957, 48 Seiten, 14 Abb., 4 Tab., DM 12,10

HEFT 393
Dr.-Ing. O. Viertel und S. Brückner-Lucas, Krefeld
Arbeitszeitstudien an Haushaltwaschmaschinen
1957, 74 Seiten, 8 Abb., 13 Tab., DM 17,30

HEFT 394
Privatdozent Dr. med. W. Koch, Münster
Die Ablagerung radioaktiver Substanzen im Knochen
1958, 264 Seiten, 147 Abb., DM 51,00

HEFT 395
Dipl.-Ing. L. Hahn, Clausthal-Zellerfeld
Untersuchungen zur Frage des optimalen Bohrloch- und Patronendurchmessers
1957, 132 Seiten, 49 Abb., 19 Tab., DM 31,25

HEFT 396
Prof. Dr.-Ing. F. Schultz-Grunow, Dr.-Ing. A. Jogerich, Essen, Dipl.-Ing. H. Meyer, cand. ing. P. Sand, Aachen
Untersuchungen des Luftwiderstandes von Güterwagen
1957, 42 Seiten, 18 Abb., 5 Tab., DM 10,90

HEFT 397
Techn.-Wissenschaftliches Büro für die Bastfaserindustrie, Bielefeld
Ungleichmäßigkeiten in Bändern von Bastfaserkarden, ihre Ursachen und Auswirkungen
1957, 60 Seiten, 18 Abb., 1 Tab., DM 14,80

HEFT 398
Prof. Dr. habil. H. E. Schwiete, Aachen, u. a.
Einlagerungsversuche an synthetischem Mullit I. — Die Zusammensetzung der Schmelzphase in Schamottesteinen I
1957, 58 Seiten, 6 Abb., 9 Tab., DM 14,40

HEFT 399
Prof. Dr. habil. H. E. Schwiete und Dr.-Ing. R. Vinkeloe, Aachen
Möglichkeiten der quantitativen Mineralanalyse mit dem Zählrohrgerät unter besonderer Berücksichtigung der Mineralgehaltsbestimmung von Tonen
1958, 102 Seiten, 34 Abb., 1 Tabelle, DM 26,70

HEFT 400
Prof. Dr. phil. W. Fuchs und Dipl.-Chem. H. Weyerstrass, Aachen
Entwicklung eines Heißfilters zur Reinigung von Gichtgas eines mit Kohle betriebenen Niederschachtofens
1958, 88 Seiten, 30 Abb., DM 20,20

HEFT 401
Prof. Dr.-Ing. M. Lipp und Dipl.-Chem. G. Frielingsdorf, Aachen
Darstellung reaktionsfähiger Verbindungen des Camphansystems und Versuche zu deren Fluorierung
1957, 84 Seiten, DM 17,—

HEFT 402
Prof. Dr. W. Linke, Aachen
Die Wärmeübertragung durch Thermopane-Fenster
1958, 44 Seiten, 17 Abb., 2 Tabellen, DM 10,80

HEFT 403
Prof. Dr.-Ing. P. Denzel und Dipl.-Ing. W. Cremer, Aachen
Verbesserung der Benutzungsdauer der Höchstlast in ländlichen Netzen durch Anwendung elektrischer Geräte in der Landwirtschaft
1957, 46 Seiten, 23 Abb., DM 12,10

HEFT 404
Prof. Dr. R. Jaeckel und Dipl.-Phys. F. Gross, Bonn
Die Löslichkeit von Gasen in schwerflüchtigen organischen Flüssigkeiten
1957, 46 Seiten, 17 Abb., 1 Tab., DM 11,50

HEFT 405
Prof. Dr.-Ing. H. Opitz und Dipl.-Ing. H. Schuler, Aachen
Untersuchungen für einen Wirtschaftlichkeitsvergleich der Feinbearbeitungsverfahren
1958, 72 Seiten, 43 Abb., DM 17,90

HEFT 406
W. Kirsch, Remscheid
Entwicklungsarbeiten auf dem Gebiete des Korrosionsschutzes
1957, 86 Seiten, 28 Abb., 11 Tabellen, DM 19,—

HEFT 407
Prof. Dr.-Ing. H. Schenk, Aachen, und Dr.-Ing. W. Wenzel, Bad Godesberg
Entwicklungsarbeiten auf dem Gebiete der Verhüttung von Erzstaub in Schmelzkammern
1957, 82 Seiten, 9 Abb., 18 Tab., DM 17,10

HEFT 408
Prof. Dr. phil. F. Wever, Dr.-Ing. W. Lueg und Dr.-Ing. H. G. Müller, Düsseldorf
Kraft- und Arbeitsbedarf beim Warmscheren von Stahl in Abhängigkeit von Temperatur und Schnittgeschwindigkeit
1957, 46 Seiten, 15 Abb., 3 Tab., DM 11,35

WESTDEUTSCHER VERLAG · KÖLN UND OPLADEN

HEFT 409
Prof. Dr. phil. F. Wever, Dr. phil. W. Koch, Dr. rer. nat. Ch. Ilschner-Gensch und Dipl.-Phys. H. Rohde, Düsseldorf
Das Auftreten eines kubischen Nitrids in aluminiumlegierten Stählen
1957, 38 Seiten, 12 Abb., 3 Tabellen, DM 10,10

HEFT 410
Prof. Dr. phil. F. Wever, Prof. Dr. rer. techn. A. Kochendörfer, Dr. phil. nat. M. Hempel, Düsseldorf und Dipl.-Phys. E. Hillenhagen, Köln
Biegewechselversuche mit Flachproben aus Alpha-Eisen-Einkristallen zur Bestimmung der Wechselfestigkeit und der Gleitspuren
1957, 112 Seiten, 58 Abb., 3 Tabellen, DM 30, –

HEFT 411
Prof. Dr. W. Halbsguth und Dr. L. Sommer, Frankfurt/M.
Grundlegende Versuche zur Keimungsphysiologie von Pilzsporen
1957, 100 Seiten, 13 Abb., 32 Tabellen, DM 22,70

HEFT 412
Prof. Dr.-Ing. H. Opitz, Aachen
Kennwerte und Leistungsbedarf für Werkzeugmaschinengetriebe
1958, 72 Seiten, 35 Abb., DM 17,20

HEFT 413
Prof. Dr.-Ing. H. Opitz, Aachen
Richtwerte für das Fräsen von unlegierten und legierten Baustählen mit Hartmetall, Teil II
1957, 56 Seiten, 35 Abb., 4 Tabellen, DM 14,40

HEFT 414
Dr. med. H.-K. Parchwitz und Dr. med. C. Winkler, Bonn
Speicherung organischer Farbstoffe und künstlich radioaktiver Substanzen in Geschwülsten
1958, 46 Seiten, 14 Abb., DM 13,35

HEFT 415
Prof. Dr.-Ing. W. Paul, Dr. rer. nat. O. Osberghaus und Dipl.-Phys. E. Fischer, Bonn
Ein Ionenkäfig
1958, 56 Seiten, 18 Abb., DM 13,65

HEFT 416
Oberreg.-Gewerberat Dipl.-Ing. G. Steinicke, Hamburg
Die Wirkung von Lärm auf den Schlaf des Menschen
1957, 46 Seiten, 14 Abb., 8 Tab., DM 11,60

HEFT 417
Prof. Dr.-Ing. habil. E. Rößger, Berlin
I. Teil: Die Entwicklung des Weltluftverkehrs, Ergänzungsbericht 1954
II. Teil: Die zivile Luftfahrtpolitik der USA
1957, 230 Seiten, 6 Abb., 83 Tab., DM 48,—

HEFT 418
O. Gdaniec, Mülheim/Ruhr
Über die Randlochkarte als Hilfsmittel in der Dokumentation
1957, 44 Seiten, 15 Abb., 8 Tab., DM 10,10

HEFT 419
Dipl.-Ing. K. Brooks
Die Messungen der Reflexionseigenschaften künstlicher und natürlicher Materialien mit quasi-optischen Methoden bei Mikrowellen
1957, 78 Seiten, 52 Abb., DM 20,35

HEFT 420
Dipl.-Ing. M. Vogel, Oberpfaffenhofen
Das Spektralgebiet zwischen dem langwelligen Ultrarot und Mikrowellen
1957, 66 Seiten, 2 Abb., DM 13,50

HEFT 421
ORR Dipl.-Volkswirt Dr. H. Rogmann, Düsseldorf
Die Erforschung der Verkehrskonjunktur und der langzeitigen Dynamik in der Verkehrswirtschaft (Zusammenfassung der eingegangenen Stellungnahmen und Vorschläge)
1957, 168 Seiten, 3 Falttafeln, DM 26,60

HEFT 422
Prof. Dr.-Ing. K. Leist und Dipl.-Ing. W. Dettmering, Aachen
Prüfstände zur Messung der Druckverteilung an rotierenden Schaufeln
in Vorbereitung

HEFT 423
Prof. Dr.-Ing. K. Leist und Dr.-Ing. O. Thun, Aachen
Strömungsmessungen über Brennkammer-Wirkungsgrade
in Vorbereitung

HEFT 424
Prof. Dr.-Ing. K. Leist und Dipl.-Ing. I. Weber, Aachen
Spannungsoptische Untersuchungen von rotierenden Scheiben mit exzentrischen Bohrungen
1958, 74 Seiten, 80 Abb., 7 Tab., DM 22,65

HEFT 425
Dipl.-Ing. H. Lübke, Hamburg
Gasturbinen und Strahlantriebe für Hubschrauber
1958, 120 Seiten, 70 Abb., 9 Falttafeln, 1 Tab., DM 30,40

HEFT 426
Prof. Dr.-Ing. H. Opitz und Dipl.-Ing. W. Scholz, Aachen
Untersuchungen über den Räumvorgang
1957, 74 Seiten, 36 Abb., 7 Tab., DM 16,55

HEFT 427
Dr.-Ing. J. Endres, München
Kinematische Untersuchung eines Zweitakt-Hochleistungs-Dieseltriebwerks mit achsparallelen Zylindern und gegenläufigen Kolben
1958, 46 Seiten, 15 Abb., DM 11,55

HEFT 428
Dr.-Ing. J. Endres, München
Untersuchungen der Beschleunigungsverhältnisse eines Zweitakt-Hochleistungs-Dieseltriebwerks mit achsparallelen Zylindern und gegenläufigen Kolben
in Vorbereitung

HEFT 429
Prof. Dr. O. Kuhn, Köln
Selektive Wirkung verschiedener Stoffgruppen auf tierische Gewebe
1957, 54 Seiten, 32 Abb., DM 13,15

HEFT 430
Prof. Dr. G. Garbotz, Aachen und Dr.-Ing. G. Dress, Cadiz
Untersuchungen über das Kräftespiel an Flachbagger-Schneidwerkzeugen in Mittelsand und schwach bindigem, sandigem Schluff unter besonderer Berücksichtigung der Planierschilde und ebenen Schürfkübelschneiden
1958, 156 Seiten, 81 Abb., DM 37,50

HEFT 431
Prof. Dr.-Ing. H. Winterhager, Dr.-Ing. R. Kammel und Dipl.-Ing. W. Barthel, Aachen
Fortschritte auf dem Gebiet der Titanmetallurgie 1950—1955
1957, 160 Seiten, DM 34,50

HEFT 432
Dipl.-Phys. R. Werz, Bonn
Die Entwicklung einer Synchrozyklotron-Ionenquelle
1958, 122 Seiten, 90 Abb., 1 Tabelle, DM 30,30

HEFT 433
Dr.-Ing. G. Satlow, Aachen
Über einige physikalische und chemische Eigenschaften der Wolle von der gewaschenen Wolle bis zum Kammzug
1957, 72 Seiten, 15 Abb., 19 Tab., DM 15,25

HEFT 434
Dipl.-Ing. W. Rohs und Dr. J. Geurten, Bielefeld
Schlichten für Baumwollgarne
1957, 108 Seiten, 3 Abb., zahlreiche Tab., DM 23,70

HEFT 435
Dipl.-Ing. W. Rohs und Dipl.-Ing. L. Steinmetz, Bielefeld
Die Masseungleichmäßigkeit von Flachstreckenbändern in Abhängigkeit von Verzug und Dopplung
1957, 42 Seiten, 4 Abb., 2 Tabellen, DM 9,90

HEFT 436
Priv.-Doz. Dr. habil. J. Juilfs, Krefeld
Zur Bestimmung der Reißlast (Zugfestigkeit) von Fasern, Fäden und Garnen
in Vorbereitung

HEFT 437
Prof. Dr. G. Schmölders und Dr. I. Meyer, Köln
Geldwertbewußtsein und Münzpolitik. — Das sogenannte Gresham'sche Gesetz im Lichte der ökonomischen Verhaltensforschung
1957, 92 Seiten, DM 20,30

HEFT 438
Prof. Dr.-Ing. H. Winterhager und Dr.-Ing. L. Werner, Aachen
Bestimmung des elektrischen Leitvermögens geschmolzener Fluoride
1957, 52 Seiten, 18 Abb., 10 Tab., DM 11,90

HEFT 439
Prof. Dr. phil. H. Lange, Köln und Dr. rer. nat. R. Kohlhaas, Neuß/Rh.
Anwendung der thermomagnetischen Analyse zum Studium des Umwandlungsverhaltens von Eisenwerkstoffen im Temperaturbereich von —150°C bis +1500°C
1958, 108 Seiten, 72 Abb., 2 Tabellen, DM 27,10

HEFT 440
Dr.-Ing. H. Wolf, Aachen
Gekoppelte Hochfrequenzleitungen als Richtkoppler
1958, 122 Seiten, 44 Abb., DM 31,60

HEFT 441
Dr. phil. habil. P. Hölemann und Ing. R. Hasselmann, Düsseldorf
Messung des Temperatur- und Druckverlaufes beim Füllen und Entspannen von Dissousgas
1957, 52 Seiten, 6 Abb., 7 Tab., DM 11,25

HEFT 442
Dipl.-Ing. W. Rohs, Text.-Ing. Griese und Text.-Ing. W. Lauer, Bielefeld
Die Auswirkungen der Trocknungsart naßgesponnener Leinengarne auf deren Verarbeitungswirkungsgrad sowie auf die Festigkeits- und Dehnungseigenschaften der Garne und Gewebe
1957, 28 Seiten, 2 Abb., 3 Tab., DM 6,50

HEFT 443
Prof. Dr. phil. W. Weizel und K. Kluth, Bonn
Über die Struktur der positiven Gleitentladungen
1957, 44 Seiten, 30 Abb., DM 12,20

HEFT 444
Dr.-Ing. W. Wilhelm, Aachen
Einfluß der Saugrohrabmessung, der Einlaßsteuerlage und der Größe des Kurbelkastenvolumens auf den Ladungswechsel eines Einzylinder-Zweitakt-Dieselmotors
1958, 104 Seiten, 22 Abb., DM 22,40

HEFT 445
Dr.-Ing. E. Barz, Remscheid
Fertigungs- und Prüfverfahren für Feilen
vergriffen

HEFT 446
Dr. med. G. Schäfer
Glutationsstoffwechsel und Sauerstoffmangel
1957, 28 Seiten, 5 Tab., DM 6,40

HEFT 447
Prof. Dr.-Ing. F. Bollenrath, Aachen, Dr.-Ing. H. Füllenbach, Seesen/Harz und Dipl.-Ing. J. Schumacher, Neubeckum/Westf.
Entwicklung rationell arbeitender Spritzkabinen
1958, 56 Seiten, 26 Abb., DM 13,55

HEFT 448
Dr. med. C. Winkler, Bonn
Ein Koinzidenz-Szintillometer zum Zwecke der Schilddrüsenfunktionsdiagnostik und der Tumordiagnostik
1957, 32 Seiten, 12 Abb., DM 8,35

HEFT 449
Priv.-Doz. Oberbaurat Dr.-Ing. W. Meyer zur Capellen und Mitarbeiter, Aachen
Bewegungsverhältnisse an der geschränkten Schubkurbel
in Vorbereitung

HEFT 450
Prof. Dr.-Ing. W. Paul, Bonn, und Dipl.-Phys. H. P. Reinhard, M.-Gladbach
Das elektrische Massenfilter als Isotopentrenner
1958, 56 Seiten, 20 Abb., DM 13,50

HEFT 451
Prof. Dr. G. Schmölders, Köln
Rationalisierung und Steuersystem
1957, 78 Seiten, DM 17,15

HEFT 452
Prof. Dr. rer. nat. W. Weltzien und Dr. phil. K. Windeck, Krefeld
Veränderungen an Fasern bei der Bleiche mit Natriumchlorid und über einige Vergilbungserscheinungen
1957, 64 Seiten, 3 Abb., 13 Tabellen, DM 14,85

HEFT 453
Forschungsinstitut der Feuerfest-Industrie, Bonn
Die Arbeiten der technisch-wissenschaftlichen Kommission der PRE (Vereinigung der europäischen Feuerfest-Industrie)
1957, 62 Seiten, 9 Abb., 18 Tabellen, DM 14,75

HEFT 454
Dr.-Ing. W. Piepenburg, Dipl.-Ing. B. Bühling und Bauing. J. Behnke, Köln
Haftfestigkeit der Putzmörtel
1958, 128 Seiten, 6 Abb., 63 Tabellen, DM 28,30

WESTDEUTSCHER VERLAG · KÖLN UND OPLADEN

HEFT 455
Dr.-Ing. W. A. Fischer, Dr.-Ing. H. Treppschuh und Dipl.-Phys. K. H. Köthemann, Düsseldorf
Erschmelzung von Reinsteisen nach dem Kohlenstoffproduktionsverfahren und Kerbschlagzähigkeit-Temperatur-Kurven dieses Eisens
1957, 38 Seiten, 7 Abb., 6 Tabellen, DM 9,35

HEFT 456
Priv.-Doz. Dir. Dr.-Ing. K. Bungardt, Essen
Zeitstandversuche an austenitischen Stählen und Legierungen
in Vorbereitung

HEFT 457
Prof. Dr. phil. F. Wever, Düsseldorf und Dr. phil. W. Wepner, Köln
Dämpfungsmessungen an schwach gereckten Eisen-Kohlenstoff-Legierungen
1957, 34 Seiten, 7 Abb., 3 Tab., DM 8,40

HEFT 458
Prof. Dr.-Ing. H. Schenck und Dr.-Ing. E. Schmidtmann, Aachen
Das Frischen von Thomas-Roheisen mit Sauerstoff-Wasserdampf-Gemischen und die Eigenschaften der damit erblasenen Stähle
1957, 62 Seiten, 56 Abb., DM 16,35

HEFT 459
Prof. Dr. phil. F. Wever, Dr. phil. O. Krisement und Hanna Schädler, Düsseldorf
Ein isothermes Mikrokalorimeter zur kinetischen Messung von Umwandlungs- und Ausscheidungsvorgängen in Legierungen
1957, 44 Seiten, 14 Abb., DM 10,75

HEFT 460
Prof. Dr. phil. F. Wever und Dr. rer. nat. B. Ilschner, Düsseldorf
Ein isothermes Lösungskalorimeter zur Bestimmung thermo-dynamischer Zustandsgrößen von Legierungen
1957, 44 Seiten, 7 Abb., 4 Tabellen, DM 10,40

HEFT 461
Prof. Dr.-Ing. habil. E. Piwowarski †, Prof. Dr.-Ing. W. Patterson und Dipl.-Ing. F. W. Iske, Aachen
Verbesserung der Zähigkeitseigenschaften von Bessemer-Stahlguß
1958, 54 Seiten, 15 Abb., 16 Tabellen, DM 12,75

HEFT 462
Prof. Dr. rer. nat. J. Weissinger
Zur Aerodynamik des Ringflügels — II. Die Ruderwirkung
Zur Aerodynamik des Ringflügels — III. Der Einfluß der Profildicken
1957, 82 Seiten, 7 Abb., 6 Tabellen, DM 18,20

HEFT 463
Dipl.-Ing. G. Plüss, Essen-Steele
Die Aufteilung der verbrennlichen Bestandteile in Verbrennungsgasen auf CO und H_2 bei Verbrennung mit Luftunterschuß und bei Luftüberschuß und künstlicher Flammenkühlung
1957, 34 Seiten, 7 Abb., 2 Tabellen, DM 8,40

HEFT 464
Dr. phil. habil. P. Hölemann und Ing. R. Hasselmann, Dortmund
Die Möglichkeit der Zündung von Acetylen in Rohrleitungen beim Ausblasen mit Stickstoff
1957, 38 Seiten, 6 Abb., 6 Tabellen, DM 9,20

HEFT 465
Dr.-Ing. R. Koch, Köln
Amerikanische Fertigungsunterlagen und ihre Werkstattreifmachung für deutsche Betriebe
in Vorbereitung

HEFT 466
Prof. Dr.-Ing. J. Mathieu, Aachen
Überbetrieblicher Verfahrensvergleich
1958, 68 Seiten, 16 Abb., DM 16,65

HEFT 467
Prof. Dr. Dr. h. c. E. Klenk und Dr. phil. H. Faillard, Köln
Neue Erkenntnisse über den Mechanismus der Zellinfektion durch Influenzavirus
Die Bedeutung der Neuraminsäure als Zellreceptor für das Influenzavirus
1957, 52 Seiten, 5 Abb., DM 14,40

HEFT 468
Prof. Dr. med. Dr. med. dent. G. Korkhaus und Dr. med. R. Alfter, Bonn
Die Vakuumwurzelbehandlung
1958, 52 Seiten, 51 Abb., DM 16,55

HEFT 469
Dr. sc. agr. F. Riemann und Dipl.-Volksw. R. Hengstenberg, Göttingen
Zur Industrialisierung kleinbäuerlicher Räume
1957, 138 Seiten, 4 Karten, 23 Tab., DM 27,—

HEFT 470
O. Wehrmann
Hitzdrahtmessungen in einer aufgespaltenen Kármánschen Wirbelstraße
1957, 42 Seiten, 14 Abb., 4 Tabellen, DM 10,90

HEFT 471
Prof. Dr. phil. habil. A. Naumann, Dr.-Ing. A. Heyser und Dr. phil. Dipl.-Ing. W. Trommsdorf, Aachen
Der Überdruck-Windkanal in Aachen
1957, 44 Seiten, 20 Abb., DM 11,—

HEFT 472
Dipl.-Ing. A. Freitag, Essen-Steele
Verhalten von Katalytstrahlern bei Betrieb mit Luftvormischung zum Gas und der Verbrennung von Luft gegen eine Gasatmosphäre
1958, 44 Seiten, 18 Abb., 1 Tabelle, DM 11,10

HEFT 473
Prof. Dr. phil. F. Wever, Dr.-Ing. W. Lueg und Dipl.-Ing. P. Funke jr. Düsseldorf
Versuche an einer hydraulischen 25 t-Stangenziehbank
1957, 34 Seiten, 11 Abb., DM 8,95

HEFT 474
Dr.-Ing. R. Ibing und Dipl.-Ing. G. Meier, Hannover
Eichung und Entwicklung von Staubentnahmesonden
1958, 32 Seiten, 9 Abb., 2 Tabellen, DM 8,65

HEFT 475
Prof. Dipl.-Ing. W. Sturtzel, Obering. Helm und Dipl.-Ing. Heuser, Duisburg
Systematische Ruderversuche mit einem Schleppkahn und einem Binnenselbstfahrer vom Typ „Gustav Koenigs"
1958, 84 Seiten, 38 Abb., 4 Tabellen, DM 20,10

HEFT 476
Prof. Dipl.-Ing. W. Sturtzel und Dipl.-Ing. Schmidt-Stiebitz, Duisburg
Einfluß der Hinterschiffsform auf das Manövrieren von Schiffen auf flachem Wasser
in Vorbereitung

HEFT 477
Dr. K. Utermann, Dortmund
Freizeitprobleme bei der männlichen Jugend einer Zechengemeinde
1957, 56 Seiten, DM 12,75

HEFT 478
Prof. Dr.-Ing. habil. W. Petersen und Dr.-Ing. S. Wawroschek, Aachen
Brikettierungsversuche zur Erzeugung von Möllerbriketts unter Verwendung von Braunkohle
1957, 102 Seiten, 42 Abb., 6 Tabellen, DM 24,25

HEFT 479
Prof. Dr.-Ing. W. Wegener, Aachen, und Dipl.-Ing. H. Fourné, Bochum
Ursachen des Überschreitens der Toleranzgrenze nach oben oder unten (Meter pro Gramm) an der Strecke
1958, 60 Seiten, 17 Abb., 3 Tabellen, DM 14,60

HEFT 480
Dr. phil. K. Brücker-Steinkuhl, Düsseldorf
Anwendung mathematisch-statistischer Verfahren bei der Fabrikationsüberwachung
in Vorbereitung

HEFT 481
Oberbaurat Dr.-Ing. W. Meyer zur Capellen, Aachen
Fünf- und sechspunktige Geradführung in Sonderlagen des ebenen Gelenkvierecks
in Vorbereitung

HEFT 482
Dipl.-Ing. R. Pels-Leusden und Dr. K. Bergmann, Essen
Die Frostbeständigkeit von Ziegeln; Einflüsse der Materialzusammensetzung und des Brandes
1958, 84 Seiten, 31 Abb., 4 Tab., DM 20,45

HEFT 483
Prof. Dr.-Ing. habil. F. A. F. Schmidt, Aachen
Gemischbildungs-, Selbstzündungs- und Verbrennungsvorgänge als Grundlage für Entwicklungsarbeiten an Gasturbinenbrennkammern
in Vorbereitung

HEFT 484
Prof. Dr. habil. H. E. Schwiete und Dr. G. Schwiete, Aachen
Beitrag zur Struktur des Montmorillonit
in Vorbereitung

HEFT 485
Prof. Dr. phil. E. Jenckel, Aachen, Dr. H. Wilsing, Dormagen, Dr. H. Dörflurt, Wesseling/Bez. Köln und Dipl.-Phys. H. Rinkens, Eschweiler
Kristallisation der Hochpolymeren
in Vorbereitung

HEFT 486
Doz. Dr. med. E. Lerche und Dr. med. J. Schulze, Aachen
Hörermüdung und Adaptation im Tierexperiment
1958, 44 Seiten, 12 Abb., DM 10,35

HEFT 487
Prof. Dipl.-Ing. W. Blume, Duisburg
Festigkeitseigenschaften kombinierter Leichtbaustoffe im Hinblick auf die Verkehrstechnik, insbesondere des Flugzeugbaus
1958, 102 Seiten, 31 Abb., 2 Tabellen, DM 25,50

HEFT 488
Prof. Dr. habil. H. E. Schwiete und Dipl.-Chem. H. Westmark
Beitrag zur Kennzeichnung der Texturen von Schamottesteinen
1958, 62 Seiten, 34 Abb., 7 Tab., DM 16,80

HEFT 489
Dipl.-Math. K. H. Müller
Strenge Lösungen der Navier-Stokes-Gleichung für rotationssymmetrische Strömungen
1957, 64 Seiten, 23 Abb., DM 14,85

HEFT 490
Hauptstelle für Staub- und Silikosebekämpfung des Steinkohlenbergbauvereins, Essen-Rüttenscheid
Zur Staub- und Silikosebekämpfung im Steinkohlenbergbau
in Vorbereitung

HEFT 491
Prof. Dr. Fr. Lotze und K. Kötter, Münster
Chloridgehalte des oberen Emsgebietes und ihre Beziehungen zur Hydrogeologie
in Vorbereitung

HEFT 492
Prof.-Dr. phil. J. Meixner und B. Manz, Aachen
Zur Theorie der irreversiblen Prozesse in α-Eisen
1958, 22 Seiten, 1 Abb., DM 5,70

HEFT 493
Prof. Dr. phil. habil. A. Naumann und Dipl.-Ing. H. Pfeiffer, Aachen
Versuche an Wirbelstraßen hinter Zylindern bei hohen Geschwindigkeiten
1958, 46 Seiten, 19 Abb., DM 11,65

HEFT 494
Dipl.-Ing. W. Robs und Text.-Ing. Griese, Bielefeld
Entwicklung und Erprobung eines verbesserten elektrischen Kettfadenwächtergeschirrs für die Leinen- und Halbleinenweberei
1957, 56 Seiten, 9 Abb., 11 Tabellen, DM 13,—

HEFT 495
Prof. Dr. phil. E. Asmus und Dr. rer. nat. H.-F. Kurandt, Berlin
Einige analytische Anwendungen der Zincke-Königschen Reaktion
1958, 46 Seiten, 14 Abb., 7 Tabellen, DM 11,45

HEFT 496
Dipl.-Chem. P. Vogel, Krefeld
Färberische Eigenschaften von zur Herstellung von Verdickungen in der Stoffdruckerei bestimmten Stoffen
1957, 38 Seiten, 3 Abb., 3 Tabellen, DM 9,30

HEFT 497
Oberarzt Dr. med. G. Mußgnug, Bottrop
Die Knochenveränderungen und der Knochenstoffwechsel beim Sudeck-Syndrom
1958, 58 Seiten, 18 Abb., DM 13,85

HEFT 498
Prof. Dr.-Ing. H. Zahn und Dr. rer. nat. W. Gerstner, Aachen
Herstellung säurefester technischer Gewebe
1957, 40 Seiten, 8 Tabellen, DM 9,65

HEFT 499
Priv.-Doz. Dr. J. Juilfs, Krefeld
Die Bestimmung des Wasserrückhaltevermögens (bzw. des Quellwertes) von Fasern
1958, 42 Seiten, 8 Abb., 8 Tabellen, DM 10,35

WESTDEUTSCHER VERLAG · KÖLN UND OPLADEN

HEFT 500
Priv.-Doz. Dr. J. Juilfs, Krefeld
Vergleichende Untersuchungen am Schopper-Scheuerprüfgerät
1958, 74 Seiten, 34 Abb., verschied. Tab., DM 18,10

HEFT 501
Dipl.-Ing. W. Rohs und Dr. J. Geurten, Bielefeld
Untersuchungen in der Leinengarnbleiche
1958, 50 Seiten, 5 Abb., 5 Tabellen, DM 11,50

HEFT 502
Prof. Dr. M. Diem und Dr. R. Trappenberg, Karlsruhe
Berechnung der Ausbreitung von Staub und Gas
1957, 200 Seiten, mit zahlreichen Diagr., DM 37,30

HEFT 503
Dr. rer. nat. J. Faßbender, Bonn
Untersuchungen über die Eigenschaften von Cadmiumsulfid-Sandwich-Zellen
1957, 36 Seiten, 8 Abb., DM 8,80

HEFT 504
Prof. Dr. phil. F. Wever, Dr. phil. W. Wink und Dr. rer. nat. W. Jellinghaus, Düsseldorf
Versuchsanordnung zur Messung der Suszeptibilität paramagnetischer Stoffe und Meßergebnisse an Nickel-Chrom- und Kobalt-Nickel-Chrom-Werkstoffen
1958, 38 Seiten, 10 Abb., 2 Tabellen, DM 9,95

HEFT 505
Prof. Dr.-Ing. F. A. F. Schmidt und Dipl.-Ing. H. Heitland, Aachen
Einfluß des Selbstzündungsverhaltens der Kraftstoffe auf den Verbrennungsablauf, Wirkungsgrad und Druckverlust von Hochleistungsbrennkammern
in Vorbereitung

HEFT 506
Prof. Dr.-Ing. W. Meyer zur Capellen, Aachen
Der Flächeninhalt von Koppelkurven. — Ein Beitrag zu ihrem Formenwandel
in Vorbereitung

HEFT 507
Prof. Dr. H. Kaiser, Dr. G. Bergmann und Dr. G. Gresze, Dortmund
Kartei zur Dokumentation in der Molekülspektroskopie
in Vorbereitung

HEFT 508
Dr. H. Schmidt-Ries, Krefeld
Limnologische Untersuchungen des Rheinstromes I (Hydrobiologische und physiographische Untersuchungen)
1958, 76 Seiten, DM 33,90

HEFT 509
Dr. Schmidt-Ries, Krefeld
Limnologische Untersuchungen des Rheinstromes I (Tabellenwerk)
in Vorbereitung

HEFT 510
Prof. Dr. rer. nat. W. Groth und Dr.-Ing. K. Bayerle, Bonn
Anreicherung der Uranisotope nach dem Gaszentrifugenverfahren
1958, 88 Seiten, 43 Abb., DM 21,20

HEFT 511
H. Wahl, G. Kantenwein und W. Schäfer, Essen
Gesteinsbohr-Modellversuche zur Frage des Drehbohrens, Schlagbohrens und Drehschlagbohrens
in Vorbereitung

HEFT 512
Prof. Dr. H. Strassl, Bonn
Azimut-Monogramme für alle Stundenwinkel und Deklinationen im Bereich der geographischen Breiten von —80° bis +80°
in Vorbereitung

HEFT 513
Prof. Dr. W. Schmitz und Dr. rer. F. Schmitt, Mülheim/Ruhr
Die Verwendung des Magnetbandgerätes zur Speicherung des Kurvenverlaufs elektrischer Ströme
1958, 68 Seiten, 35 Abb., DM 17,65

HEFT 514
Dr. rer. nat. M.-E. Meffert, Essen
Die Kultur von Scenedesmus obliquus in Abwasser
1957, 46 Seiten, 7 Abb., 7 Tabellen, DM 10,85

HEFT 515
Prof. Dr. habil. H. E. Schwiete und Dr.-Ing. Chr. Hummel, Aachen
Thermochemische Untersuchungen im System SiO_2 und Na_2O—SiO_2
1958, 122 Seiten, 29 Abb., 28 Tabellen, DM 28,00

HEFT 516
Prof. Dr.-Ing. H. Müller, Dipl.-Ing. F. Reinke und Dipl.-Ing. W. Sorgenicht, Essen
Gesamtstrahlungsmessungen der Temperaturstrahlung
in Vorbereitung

HEFT 517
Prof. Dr. med. G. Lehmann und Dr. med. J. Meyer-Delius, Dortmund
Gefäßreaktionen der Körperperipherie bei Schalleinwirkung
1958, 36 Seiten, 12 Abb., DM 9,15

HEFT 518
Dr.-Ing. H. Scheffler, Dortmund
Funktionelle Zusammenhänge der dynamischen Einflußgrößen beim handgeführten Druckluft-Abbauhammer und ihre Berücksichtigung für die Konstruktion rückstoßarmer Hämmer
in Vorbereitung

HEFT 519
Prof. Dr. phil. F. Wever, Dr. phil. W. Koch und Dr. phil. S. Eckhard, Düsseldorf
Die spektrographische Bestimmung der Spurenelemente in Stahl ohne vorherige Abbrennung
1958, 50 Seiten, 22 Abb., DM 12,60

HEFT 520
Prof. Dr.-Ing. H. Opitz, Dipl.-Ing. H. Obrig und Dipl.-Ing. P. Kips, Aachen
Untersuchung neuartiger elektrischer Bearbeitungsverfahren
1958, 58 Seiten, 35 Abb., DM 14,70

HEFT 521
Prof. Dr.-Ing. H. Opitz und Dipl.-Ing. K. E. Schwartz, Aachen
Das Abrichten von Schleifscheiben mit Diamanten
1958, 72 Seiten, 34 Abb., 3 Tabellen, DM 17,15

HEFT 522
J. Lorentz und K. Brocks
Elektrische Meßverfahren in der Geodäsie
1958, 118 Seiten, 49 Abb., 5 Tab., DM 28,—

HEFT 523
K. Eberts
Entwicklungen einiger Meßverfahren und einer Frequenz- und amplitudenstabilisierten Meßeinrichtung zur gleichzeitigen Bestimmung der komplexen Dielektrizitäts- und Permeabilitätskonstante von festen und flüssigen Materialien im rechteckigen Hohlleiter und im freien Raum bei Frequenzen von 9200 und 33000 MHz
1958, 132 Seiten, 37 Abb., DM 30,20

HEFT 524
Dr. rer. nat. S. Lockau, Emlichheim
Versuche zur Gewinnung von Kartoffeleiweiß
1958, 56 Seiten, 2 Abb., DM 12,70

HEFT 525
Prof. Dr. Dr. h.c. H. P. Kaufmann und Dr. F. Wegborst, Münster
Beiträge zur Chemie und Technologie der Fetthärtung I
in Vorbereitung

HEFT 526
Dr. phil. habil. P. Hölemann und Ing. R. Hasselmann, Dortmund
Einfluß der Oberflächenbeschaffenheit der Wandung auf den Ablauf von Azetylenexplosionen
1958, 62 Seiten, 8 Abb., 10 Tabellen, DM 14,50

HEFT 527
Dr. rer. nat. K. G. Müller, Hanau/W.
Wärmeübertragung auf eine Flugstaubströmung im senkrechten Rohr sowie auf eine durchströmte Schüttgutschicht
in Vorbereitung

HEFT 528
Dr. P. Ney und Dr. F. Schwarz, Köln
Physikochemische Grundlagen der Bildsamkeit von Kalken unter Einbeziehung des Begriffs der aktiven Oberfläche
Kristallchemische Betrachtung der Bildsamkeit
1958, 110 Seiten, 34 Abb., 6 Tabellen, DM 26,75

HEFT 529
Dr. phil. G. Riedel, Dortmund
Messung und Regelung des Klimazustandes durch eine die Erträglichkeit für den Menschen anzeigende Klimasonde
1958, 78 Seiten, 35 Abb., DM 17,95

HEFT 530
Prof. Dr. med. O. Graf, Dortmund
Nervöse Belastung im Betrieb — I. Teil: Nachtarbeit und nervöse Belastung
in Vorbereitung

HEFT 531
Prof. Dr.-Ing. habil. K. Krekeler, Dipl.-Ing. H. Verhoeven und Dipl.-Ing. H. Ernenputsch, Aachen
Autogenes Entspannen bei niedrigen Temperaturen
in Vorbereitung

HEFT 532
Prof. Dr.-Ing. habil. K. Krekeler, Dipl.-Ing. H. Verhoeven und Dipl.-Ing. W. Krieweth, Aachen
Schutzgasschweißen mit kontinuierlich abschmelzender Elektrode von niedriglegierten Kohlenstoffstählen (Sigma-Schweißen)
in Vorbereitung

HEFT 533
Prof. Dr.-Ing. H. Opitz und Dipl.-Ing. W. Hölken, Aachen
Untersuchung von Ratterschwingungen an Drehbänken
1958, 84 Seiten, 44 Abb., 2 Tab., DM 19,70

HEFT 534
Oberbergamtsdirektor H. Sanders, Dortmund
Seismische Forschungsarbeiten im Ostteil des Grubenfeldes König Ludwig
in Vorbereitung

HEFT 535
Dr.-Ing. J. Lennertz, Köln
Einfluß des Ausbaugrades und Benutzungsgrades nachrichtentechnischer Einrichtungen auf die Gesamtwirtschaft
in Vorbereitung

HEFT 536
Dr. rer. nat. C. W. Czernin-Chudenitz, Krefeld
Limnologische Untersuchungen des Rheinstromes. — Quantitative Phytoplanktonuntersuchungen
in Vorbereitung

HEFT 537
Dr.-Ing. N. Gössl, Frankfurt/M.
Probleme der Zugförderung im Zusammenhang mit der Ausnutzung der Atom-Energie
in Vorbereitung

HEFT 538
Prof. Dr. K. Hinsberg, Düsseldorf
Reaktion zur Frühdiagnose von Krebserkrankungen
1958, 28 Seiten, 1 Abb., 3 Tabellen, DM 7,00

HEFT 539
Prof. Dr. L. v. Ubisch, Norwegen
Die philogenetischen Symmetrieveränderungen bei den Seeigeln
in Vorbereitung

HEFT 540
Prof. Dr. rer. nat. H. Krebs, Bonn
Die katalytische Aktivierung des Schwefels
in Vorbereitung

HEFT 541
Prof. Dr. O. Schmitz-DuMont, Bonn
Reaktionen in flüssigem Ammoniak zur Gewinnung von 1. Titanylamid, 2. Oxykobalt (III)-amiden, 3. Ammonobasischen Kobalt (III)-benzylaten
in Vorbereitung

HEFT 542
Dr. phil. nat. G. Zapf, Schwelm
Entwicklung eines Verfahrens zur Herstellung von Formteilen aus Sintermessing
in Vorbereitung

HEFT 543
Prof. Dr. phil. habil. H. E. Schwiete, Dr. phil. H. Müller-Hesse und Dipl.-Ing. G. Gelsdorf, Aachen
Einlagerungsversuche an synthetischem Mullit. Teil II
1958, 42 Seiten, 5 Abb., 10 Tab., DM 10,—

HEFT 544
Prof. Dr. phil. habil. H. E. Schwiete, Dr.-Ing. A. K. Bose und Dr. phil. H. Müller-Hesse, Aachen
Die Schmelzphase in Schamottesteinen. — Teil II
in Vorbereitung

HEFT 545
Prof. Dr. phil. habil. H. E. Schwiete, Dr. rer. nat. G. Ziegler und Dipl.-Ing. Ch. Kliesch, Aachen
Thermochemische Untersuchungen über die Dehydration des Montmorillonits
in Vorbereitung

HEFT 546
Prof. Dr.-Ing. K. Leist und K. Graf, Aachen
Vergleich von Gleichdruck- und Verpuffungsgasturbinen
in Vorbereitung

HEFT 547
Prof. Dr.-Ing. K. Leist, K. Graf und D. Stojek, Aachen
Das betriebliche Verhalten von Gasturbinen-Fahrzeugen
in Vorbereitung

WESTDEUTSCHER VERLAG · KÖLN UND OPLADEN

HEFT 548
Prof. Dr.-Ing. K. Leist und J. Weber, Aachen
Spannungsoptische Untersuchungen von Turbinenscheiben mit angefrästen und eingesetzten Schaufeln
in Vorbereitung

HEFT 549
Dr.-Ing. R. Merten, Duisburg
Resonanzanpassung bei einem Tiefpaß
1958, 36 Seiten, 16 Abb., DM 9,—

HEFT 550
Dr. H. Stephan, Bonn
Elektrisches Standhöhenmeßgerät für Flüssigkeiten
1958, 40 Seiten, 13 Abb., 2 Tab., DM 10,10

HEFT 551
Prof. Dr. phil. W. Weizel und Dipl.-Phys. B. Brandt, Bonn
Betriebsbedingungen einer stromstarken Glimmentladung
1958, 68 Seiten, 18 Abb., DM 16,00

HEFT 552
Dr.-Ing. G. Leiber und Dipl.-Ing. D. Schauwinhold, Duisburg-Hamborn
Versuche zur Erzeugung halbberuhigten Stahles
1958, 42 Seiten, 23 Abb., 6 Tabellen, DM 11,30

HEFT 553
Prof. Dr. rer. pol. G. Garbotz und Dipl.-Ing. J. Theiner, Aachen
Untersuchungen der Walzverdichtungsvorgänge auf Lößlehm, Kies und Schotter
in Vorbereitung

HEFT 554
Prof. Dr.-Ing. H. Müller, Essen
Untersuchung von Elektrowärmegeräten für Laienbedienung hinsichtlich Sicherheit und Gebrauchsfähigkeit. — Teil II: Temperaturen an und in schmiegsamen Elektrogeräten
in Vorbereitung

HEFT 555
Prof. Dr. med. H. Elbel und Dipl.-Phys. K. Sellier, Bonn
Der Nachweis kleinster CO-Mengen in Körperflüssigkeiten
1958, 36 Seiten, 12 Abb., DM 9,10

HEFT 556
Prof. Dr. A. Gütgemann und Dr. med. G. Karcher, Bonn
Klinische und experimentelle Untersuchungen mit Hilfe einer künstlichen Niere
1958, 28 Seiten, 4 Abb., DM 7,10

HEFT 557
Dr.-Ing. H. Schiffers, Dipl.-Ing. D. Ammann, Dipl.-Ing. E. Brugger und R. Dicke, Aachen
Härtbarkeit von Gußeisen mit Lamellen- und Kugelgraphit in Abhängigkeit von Zusammensetzung und Gefüge
1958, 44 Seiten, 24 Abb., 1 Tab., DM 11,—

HEFT 558
Dr. phil. C. A. Roos, Aachen
Menschlich bedingte Fehlleistungen im Betrieb und Möglichkeiten ihrer Verringerung
in Vorbereitung

HEFT 559
Prof. Dr. H. E. Schwiete und Dipl.-Chem. R. Gauglitz, Aachen
Die Verflüssigung von Montmorillonitschlämmen
in Vorbereitung

HEFT 560
Prof. Dr. med. J. Vonkennel und Dr. G. Froitzheim, Köln
Zur Prüfung silikonhaltiger Hautschutzsalben
in Vorbereitung

HEFT 561
Prof. Dipl.-Ing. W. Sturtzel und Dr.-Ing. Schmidt-Stiebitz, Duisburg
Verbesserung des Wirkungsgrades von Düsenpropellern durch zusätzlich angeordnete Mischdüsen
in Vorbereitung

HEFT 562
Prof. Dr.-Ing. H. Schenck, Prof. Dr. phil. habil N. G. Schmahl und Dr.-Ing. G. Funke, Aachen
Die Reduzierbarkeit von Eisenerzen
in Vorbereitung

HEFT 563
Dr. D. v. Oppen, Dortmund
Beiträge zur Soziologie der Gemeinde im Ruhrgebiet. — II. Familien in ihrer Umwelt
in Vorbereitung

HEFT 565
Dr. K. Hahn und Dr. R. Mackensen, Dortmund
Beiträge zur Soziologie der Gemeinde im Ruhrgebiet. — IV. Die kommunale Neuordnung des Ruhrgebietes, dargestellt am Beispiel Dortmunds
in Vorbereitung

HEFT 566
Dr. H. Klages, Dortmund
Der Nachbarschaftsgedanke und die nachbarliche Wirklichkeit in der Großstadt
in Vorbereitung

HEFT 567
Dr. rer. nat. K. Sauerwein, Düsseldorf
Anwendungen radioaktiver Isotope in der Technik
in Vorbereitung

HEFT 568
Prof. Dr. Alde, Dipl.-Chem. M. Dollhausen und Dipl.-Chem. M. Tremery, Köln
Über einige neue Reaktionen des Indens
in Vorbereitung

HEFT 569
Dr. phil. habil. P. Hölemann, Ing. R. Hasselmann und J. Strootmann, Düsseldorf
Acetylenverluste an Naßentwicklern
in Vorbereitung

HEFT 570
Prof. Dr.-Ing. habil. K. Krekeler, Dr.-Ing. H. Peukert und Dipl.-Ing. O. Schwarz, Aachen
Kerbempfindlichkeit thermoplastischer Kunststoffe abhängig von der Kerbform und der Beanspruchungstemperatur
in Vorbereitung

HEFT 571
Privatdozent Dr. med. W. Klosterkötter, Münster
Wirkung der Kieselsäure bei der Entstehung der Silikose
1958, 166 Seiten, 98 Abb., DM 41,95

HEFT 572
Dipl.-Kaufmann Dipl.-Volksw. Jean-Baptiste Felten, Köln
Wert und Bewertung ganzer Unternehmungen unter besonderer Berücksichtigung der Energiewirtschaft
in Vorbereitung

HEFT 573
Prof. Dr. phil. F. Wever, Dr. rer. nat. W. Jellinghaus und Dr.-Ing. Toshimori Shuin, Düsseldorf
Gemischt-keramische Sinterwerkstoffe aus Aluminiumoxyd und Eisen oder Eisenlegierungen
in Vorbereitung

HEFT 574
Dr.-Ing. habil. H. Klingelhöffer, München
Trocknungsvorgänge beim Beschichten von Papier und Pappen mit Kunststoffdispersionen
in Vorbereitung

HEFT 575
Prof. Dr. phil. habil. C. Kröger, Aachen
Verkokungsverhalten der Steinkohlenmacerale und ihrer Mischungen
in Vorbereitung

HEFT 576
Prof. Dr. F. Micheel und Dr. H. G. Bussmann, Münster
Untersuchung synthetischer Kohlenhydrat-Eiweißverbindungen mit der Ultracentrifuge bei der Elektrophorese
in Vorbereitung

HEFT 577
S. Ruff u. a.
Untersuchungen zur therapeutischen Anwendung des Sauerstoffmangels
1958, 128 Seiten, 30 Abb., DM 29,10

HEFT 578
G. Fellner
Der Einfluß der Fluggeschwindigkeit auf die Wirtschaftlichkeit von Durch- und Ausstromtriebwerk
in Vorbereitung

HEFT 579
Dipl.-Ing. H. J. Koch, Essen
Untersuchungen über den Abhebedruck von Brenngasen
in Vorbereitung

HEFT 580
Prof. Dr.-Ing. A. Götte und Dipl.-Chem. G. Scholz, Aachen
Unterstützung der Entwässerung von Feinkohle durch chemische Hilfsmittel
in Vorbereitung

HEFT 581
Obermedizinalrat a. D. Dr. med. F. Bassermann, Regensburg
Elektronenoptische Untersuchungen an Ultradünnschnitten des Tuberkulose-Erregers sowie der käsigen Gewebsnekrose und zum Problem des Vorkommens einer mycobakteriellen L-Phase
in Vorbereitung

HEFT 582
Dr. phil. C. A. Roos, Aachen
Arbeitsleistung und Arbeitsgüte
in Vorbereitung

HEFT 583
Prof. Dr. phil. F. Kirchner, Dipl.-Phys. H. Baron und Dipl.-Phys. H. Kirchner, Köln
Verwendbarkeit von Zählrohren zu massenspektrometrischen Untersuchungen
in Vorbereitung

HEFT 584
G. Kroebel, Köln
Maßnahmen der Nachwuchs- und Talentförderung im Deutschen Gewerkschaftsbund
1958, 72 Seiten, DM 16,35

HEFT 585
Dr. phil. M. Simoneit, Köln
Gedanken und Vorschläge zur Auslese technischer Talente
in Vorbereitung

HEFT 586
Dr.-Ing. W. A. Fischer und Dr. rer. nat. A. Hoffmann, Düsseldorf
Verhalten von Eisen- und Stahlschmelzen im Hochvakuum
in Vorbereitung

HEFT 587
Dipl.-Ing. H. Schmidt, Krefeld
Auswirkung der Strömungsverhältnisse in Trommelwaschmaschinen unter besonderer Berücksichtigung des Durchlaufspülens
in Vorbereitung

HEFT 588
Dr.-Ing. W. Wilhelm, Aachen
Untersuchungen über den Einfluß der Auspuffrohrabmessungen auf den Ladungswechsel einer Einzylinder-Zweitakt-Vergasermaschine mit Kurbelkastenspülung
in Vorbereitung

HEFT 589
Prof. Dr. phil. habil. C. Kröger, Aachen
Wärmebedarf der Silikatglasbildung
in Vorbereitung

HEFT 590
Übergabe des Synchro-Zyklotrons an das Institut für Strahlen- und Kernphysik der Universität Bonn am 8. Mai 1957
in Vorbereitung

HEFT 591
Dr. Schairer, Köln
Aufgabe, Struktur und Entwicklung der Stiftungen
in Vorbereitung

HEFT 592
Verein zur Förderung des Forschungsinstituts für Rationalisierung an der Rhein.-Westf. Technischen Hochschule Aachen
Das Forschungsinstitut für Rationalisierung an der Rhein.-Westf. Technischen Hochschule Aachen
in Vorbereitung

HEFT 593
Dr. phil. C. A. Roos, Aachen
Berufseignung und Berufseinsatz — I. Teil
in Vorbereitung

HEFT 594
Prof. Dr. A. Nikuradse, München
Energieabsorption von Atomkernstrahlen in organischen Stoffen und durch sie hervorgerufene Reaktionsprozesse
in Vorbereitung

HEFT 595
Prof. Dr. A. Nikuradse und Dipl.-Phys. K. Kugler, München
Einfluß der molekularen bzw. atomaren Beschaffenheit der Festwandoberflächenschicht auf die Wechselwirkung zwischen auftreffenden Gasmolekülen und der Wand
in Vorbereitung

HEFT 596
Dipl.-Ing. K.-H. Hardieck, Aachen
Theoretische und experimentelle Untersuchungen der stationären Vorgänge in magnetischen Verstärkern
in Vorbereitung

HEFT 597
Prof. Dr. phil. F. Wever, Dr. phil. W. Wink und Dr. rer. nat. W. Jellinghaus, Düsseldorf
Suszeptibilitätsmessungen an hochwarmfesten Legierungen auf Nickel-Chrom- und Kobalt-Nickel-Chrom-Grundlage
in Vorbereitung

HEFT 598
Prof. Dr.-Ing. F. A. F. Schmidt, Aachen
Hydrodynamische und mechanische Gesetzmäßigkeit eines nach dem Scheibenverteilerprinzip arbeitenden Einspritzsystems für Ottomotore
in Vorbereitung

WESTDEUTSCHER VERLAG · KÖLN UND OPLADEN

HEFT 599
Dr. phil. W. Koch und Dipl.-Phys. Dr. phil. H. Sundermann, Düsseldorf
Elektrochemische Grundlagen der Isolierung von Gefügebestandteilen in metallischen Werkstoffen
in Vorbereitung

HEFT 600
Dr. phil. W. Koch, Dr. phil. S. Eckhard und Dr. rer. nat. F. Stricker, Düsseldorf
Die lichtelektrische Spektralanalyse der Gase im Stahl
in Vorbereitung

HEFT 601
W. Barbo und E. Stiller, Köln
Die Lage des Technisch-Wissenschaftlichen Nachwuchses und der Technisch-Wissenschaftlichen Hochschulen in der Bundesrepublik
in Vorbereitung

HEFT 602
H. von Stebut, Köln
Die Hochschulen in der Aufwärtsentwicklung Westdeutschlands
in Vorbereitung

HEFT 603
Prof. Dr.-Ing. L. Engel und Dr.-Ing. J. Foerster, Clausthal-Zellerfeld
Gummielastische Stoffe als Dämpfungselemente an schlagenden Werkzeugen
in Vorbereitung

HEFT 604
Dipl.-Ing. H. Gröttrup, Aachen
Studienanalyse halbautomatischer Dokumentationsselektoren
in Vorbereitung

HEFT 605
Ing. L. Bommes, M.-Gladbach
Bestimmung von Leistung und Wirkungsgrad eines Ventilators
in Vorbereitung

HEFT 606
Oberbaurat Prof. Dr.-Ing. W. Meyer zur Capellen, Aachen
Eine Getriebegruppe mit stationärem Geschwindigkeitsverlauf
in Vorbereitung

HEFT 607
Prof. Dr. rer. pol. H. Jecht, Münster
Die Wettbewerbslage der westdeutschen Juteindustrie
in Vorbereitung

HEFT 608
Prof. Dr. habil. W. Linke und Dipl.-Ing. W. Hufschmidt, Aachen
Wärmeübergang bei pulsierender Strömung
in Vorbereitung

HEFT 609
Technisch-Wissenschaftliches Büro für die Bastfaserindustrie, Bielefeld
Verteilung der Bastfasern im Verzugsfeld einer Nadelstabstrecke
1958, 56 Seiten, 10 Abb., 2 Tab., DM 13,45

HEFT 610
Prof. J. W. Korte, Dr.-Ing. P. A. Mäcke und Dipl.-Ing. R. Lapierre
Gestaltung von Straßenverkehrsanlagen
in Vorbereitung

HEFT 611
Dr. R. Schairer, Köln
Aufgaben der Talentförderung
in Vorbereitung

HEFT 612
Dr. H. Bauer, Köln
Der Betrieb als Bildungsfaktor
in Vorbereitung

HEFT 613
Prof. Dr. phil. habil. E. Graeser, Göttingen
Vergleichende Studien über die Art, die Bedeutung und den Erfolg der Ausbildung von Ingenieuren, Mathematikern und Naturwissenschaftlern in der sogenannten Deutschen Demokratischen Republik und in der Bundesrepublik
in Vorbereitung

HEFT 614
Prof. Dr. W. Weltzien, Krefeld
Die Textilforschungsanstalt Krefeld 1920—1958
Ein Bericht zur Einweihung ihres Neubaus Frankenring 2
1958, 100 Seiten, 16 Abb., 23,50

HEFT 615
Prof. Dr. W. Weizel und Duk Hyun Whang, Bonn
Stromverteilung auf der Kathode einer Glimmentladung in Spalten bei hohen Drucken und abseits stehender Anode
in Vorbereitung

HEFT 616
Prof. Dr. W. Weizel und W. Ohlendorf, Bonn
Die Glimmentladung in spaltartigen Entladungsräumen
in Vorbereitung

HEFT 617
Prof. Dipl.-Ing. W. Sturzel und Dr.-Ing. W. Graff, Duisburg
Systematische Untersuchungen von Kleinschiffsformen auf flachem Wasser im unter- und überkritischen Geschwindigkeitsbereich
in Vorbereitung

HEFT 618
Prof. Dipl.-Ing. W. Sturtzel, Dr.-Ing. W. Graff, Duisburg
Untersuchungen der in stehendem und strömendem Wasser festgestellten Änderungen des Schiffswiderstandes durch Druckmessungen
in Vorbereitung

HEFT 619
Prof. Dr. med. O. Graf, Dr. med. Dr. phil. J. Rutenfranz, Dortmund
Zur Frage der Belastung von Jugendlichen
in Vorbereitung

HEFT 620
Dr. rer. nat. D. Horstmann, Düsseldorf
Der Einfluß von Aluminium im Eisen- und im Zinkbad auf den Zinkangriff
in Vorbereitung

HEFT 621
Techn.-Wissensch. Büro für die Bastfaser-Industrie, Bielefeld
Untersuchungen zur Verbesserung des Leinenwebstuhles V
in Vorbereitung

HEFT 622
Prof. Dr. W. Franz, Münster
Theorie der Elektronenbeweglichkeit in Halbleitern
in Vorbereitung

HEFT 623
Dr. phil. C. A. Roos, Aachen
Berufseignung und Berufseinsatz, II. Teil
in Vorbereitung

HEFT 624
Prof. Dr. G. Schmölders, Köln
Progression und Regression
in Vorbereitung

HEFT 625
Prof. Dr.-Ing. habil. W. Petersen und Dr.-Ing. S. Wawroscheck, Aachen
Brikettierungsversuche zur Erzeugung von Möllerbriketts für die Schwelverhüttung
in Vorbereitung

HEFT 626
Deutsches Krankenhaus-Institut e.V., Düsseldorf
Arbeitsabläufe auf Krankenstationen
in Vorbereitung

HEFT 627
Prof. Dr. phil. H. Wurmbach, Bonn
Steuerung von Wachstum und Formbildung
in Vorbereitung

HEFT 628
Prof. Dr.-Ing. E. Siebel, Düsseldorf
Die Ermittlung der Fließkurven von Schraubenwerkstoffen
in Vorbereitung

WESTDEUTSCHER VERLAG · KÖLN UND OPLADEN

If you have any concerns about our products,
you can contact us on
ProductSafety@springernature.com

In case Publisher is established outside the EU,
the EU authorized representative is:
**Springer Nature Customer Service Center GmbH
Europaplatz 3, 69115 Heidelberg, Germany**

Printed by Libri Plureos GmbH
in Hamburg, Germany